Nagarjuna Telagam

Monitorização da nocividade utilizando LabVIEW

Nagarjuna Telagam

Monitorização da nocividade utilizando LabVIEW

ScienciaScripts

Imprint

Cover image: www.ingimage.com

This book is a translation from the original published under ISBN 978-620-2-01941-5.

Publisher:
Sciencia Scripts
is a trademark of
Dodo Books Indian Ocean Ltd. and OmniScriptum S.R.L publishing group

120 High Road, East Finchley, London, N2 9ED, United Kingdom
Str. Armeneasca 28/1, office 1, Chisinau MD-2012, Republic of Moldova, Europe
Printed at: see last page
ISBN: 978-620-7-76068-8

Conteúdo

CAPÍTULO 1

INTRODUÇÃO

1.1 Objetivo:

M controlo da qualidade do ar em qualquer área é de grande importância para a saúde das pessoas. Para ajudar as pessoas em qualquer área a ter acesso à exposição ao ar ambiente que não é saudável para as pessoas, neste projeto, apresentamos uma tecnologia de qualidade do ar de energia solar de baixo custo. Os nós sensores da rede de energia solar podem ser utilizados pelas pessoas para recolher e comunicar dados em tempo real sobre o monóxido de carbono (CO), o dióxido de azoto (NO_2), o metano (CH_4), as partículas de poeira, a temperatura e a humidade relativa. O sistema proposto permite que as pessoas monitorizem as condições da qualidade do ar no computador de secretária/laptop/computador através de uma aplicação concebida com o Lab VIEW e emite um alerta se as características da qualidade do ar excederem os níveis aceitáveis. Os resultados experimentais obtidos demonstram que a rede de sensores pode fornecer medições de alta qualidade do ar numa vasta gama de concentrações de CO, NO_2 e CH_4 .

1.2 Objetivo principal:

O principal objetivo do projeto é controlar e monitorizar o ambiente inteligente.

- Monitorização do monóxido de carbono
- Monitorização do dióxido de azoto
- Monitorização do metano (gás natural)

1.3 Características do microcontrolador 8052:

- Compatível com os produtos MCS -51®
- 8K Bytes de memória flash programável no sistema (ISP)

- Resistência: 10.000 ciclos de escrita/apagamento.

- 4,0 V a 5,5 V Gama de funcionamento.
- Funcionamento totalmente estático: 0 Hz a 33 MHz
- Bloqueio de memória de programa de três níveis.
- 256 x 8-bit RAM interna
- 32 linhas de E/S programáveis
- Três contadores/temporizadores de 16 bits

1.4 Introdução aos sistemas incorporados:

Os sistemas incorporados são dispositivos electrónicos que incorporam microprocessadores nas suas implementações. Os principais objectivos dos microprocessadores são simplificar a conceção do sistema e proporcionar flexibilidade. Ter um microprocessador no dispositivo significa que eliminar os erros, fazer modificações ou acrescentar novas funcionalidades é apenas uma questão de reescrever o software que controla o dispositivo. Ou, por outras palavras, os sistemas informáticos incorporados são sistemas electrónicos que incluem um microcomputador para executar uma aplicação específica. O computador está escondido no interior destes produtos. Os sistemas incorporados são omnipresentes. Todas as semanas, milhões de minúsculos chips de computador saem das fábricas e encontram o seu lugar nos nossos produtos quotidianos.

Os sistemas incorporados são programas autónomos que estão incorporados numa peça de hardware. Enquanto um computador normal tem muitas aplicações e software diferentes que podem ser aplicados a várias tarefas, os sistemas incorporados estão normalmente definidos para uma tarefa específica que não pode ser alterada sem manipular fisicamente os circuitos. Outra forma de pensar num sistema incorporado é como um sistema informático criado com uma eficiência óptima, permitindo-lhe assim completar funções específicas o mais rapidamente possível.

1.5 SOFTWARE LABVIEW

Desde o início de uma ideia até à comercialização de um widget, a abordagem única da NI baseada em plataformas para aplicações de engenharia e ciência tem impulsionado o progresso numa grande variedade de indústrias. No centro desta abordagem está o LabVIEW, um ambiente de desenvolvimento concebido especificamente para acelerar a produtividade de engenheiros e cientistas. Com uma sintaxe de programação gráfica que simplifica a visualização, a criação e a codificação de sistemas de engenharia, o LabVIEW é incomparável, ajudando-o a reduzir os tempos de teste, a fornecer informações comerciais com base nos dados recolhidos e a transformar ideias em realidade.

O LabVIEW foi concebido para interoperar com outro software, quer sejam abordagens de desenvolvimento alternativas ou plataformas de código aberto, para garantir que pode utilizar todas as ferramentas disponíveis. Com um programa de serviço de software incluído que fornece suporte por telefone e e-mail de engenheiros licenciados, actualizações para as versões mais recentes e acesso 24/7 a formação online, a compra do LabVIEW inclui tudo o que precisa para ter sucesso.

O Labview é aplicável porque reduz a complexidade, implementa o software no hardware adequado, permite uma análise e um processamento de sinais extensivos, regista e partilha dados de medição e permite uma execução multithread potente.

Com o poderoso ambiente de design de sistemas NI LabVIEW, é possível construir qualquer sistema de medição ou controlo em muito menos tempo. Ao contrário das ferramentas de uso geral, o LabVIEW integra qualquer hardware com extensas bibliotecas de análise e processamento de sinais, oferece interfaces gráficas de utilizador personalizadas e permite-lhe implementar estes sistemas numa plataforma que utiliza a mais recente e avançada tecnologia.

1.5.1 Objetivo da utilização do Labview:

1. LABVIEW, abreviatura de Laboratory Virtual Instrument Engineering Workbench, é um ambiente de programação no qual se criam programas utilizando uma notação gráfica.

2. É diferente das linguagens de programação tradicionais, como C, C++ ou JAVA, em que se programa com texto. No entanto, o LabView é muito mais do que uma linguagem de programação.

3. É um sistema interativo de desenvolvimento e execução de programas concebido para pessoas, como cientistas e engenheiros, que necessitam de programar como parte do seu trabalho.

4. Os programas que demoram semanas ou meses a escrever utilizando linguagens de programação convencionais podem ser concluídos em horas utilizando o LABVIEW, uma vez que este foi especialmente concebido para efetuar medições, analisar dados e apresentar resultados ao utilizador.

CAPÍTULO 2

REVISÃO DA LITERATURA

A monitorização da poluição atmosférica é uma tecnologia com a qual um sistema pode ser treinado para monitorizar os níveis de gases presentes no ar. A monitorização da poluição atmosférica faz a ponte entre o mundo físico e o mundo digital, trazendo informação digital intangível para o mundo tangível e permitindo-nos interagir com esta informação através do LABVIEW.

2.1 Identificação do problema:

A monitorização da poluição atmosférica em tempo real é importante para melhorar a saúde global e a produção do mundo, conhecendo os níveis de gases tóxicos no ar. Este projeto apresenta uma panorâmica dos níveis de gases tóxicos como o monóxido de carbono (CO), o dióxido de azoto (NO_2) e o metano (CH_4). O principal objetivo deste documento é conceber e construir um sistema de monitorização da poluição atmosférica em tempo real que possa detetar os gases tóxicos no ar e monitorizar os níveis dos gases ao longo do tempo.

2.2 Objetivo do projeto:

O objetivo deste projeto é conceber um sistema de monitorização da poluição atmosférica em tempo real, que possa monitorizar os níveis de gases tóxicos como o monóxido de carbono (CO), o dióxido de azoto (NO_2) e o metano (CH_4). A monitorização dos gases é efectuada utilizando o software LABVIEW e três sensores MQ7, MQ4 e MQ135. Por conseguinte, tem uma grande flexibilidade para aplicações industriais.

2.3 Sistema atual:

T sistema existente não pode armazenar os dados tempo a tempo, ou seja, não podemos monitorizar os gases tempo a tempo, mas este sistema armazenará os dados tempo a tempo utilizando o gráfico de forma de onda no software LABVIEW.

2.4 Sistema proposto:

A monitorização da qualidade do ar em qualquer área é de grande importância para a saúde das pessoas. O sistema proposto permite monitorizar as condições da qualidade do ar no computador de secretária/laptop/computador através de uma aplicação concebida com o Lab VIEW e emite um alerta se as características da qualidade do ar excederem os níveis aceitáveis. O resultado experimental obtido demonstra que a rede de sensores pode fornecer medições de alta qualidade do ar numa vasta gama de concentrações de CO, NO_2 e CH_4 .

CAPÍTULO 3

METODOLOGIA

3.1 GRÁFICO DE FLUXO:

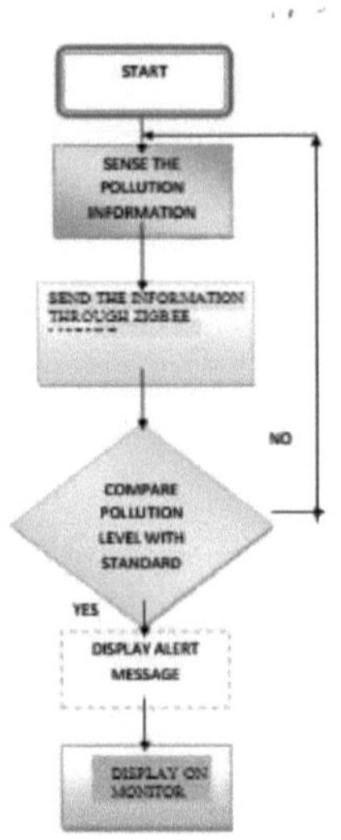

Fig 1: Fluxograma

3.2 ALGORITMO:

1. Ligar o kit.

2. Sentir a informação sobre a poluição.

3. Visualização no LCD e transferência dos dados para o Zigbee.

4. O recetor Zigbee recebe os dados e transmite-os ao LABVIEW.

5. No software LABVIEW, utilizando o controlador NIVISA, converte os dados analógicos em dados digitais.

6. O software LABVIEW apresenta os dados dos sensores através de diferentes dispositivos de medição, como o gráfico de forma de onda, o medidor de guina, os indicadores, etc,

CAPÍTULO 4

IMPLEMENTAÇÃO

4.1 BLOCKDIAGRAM:

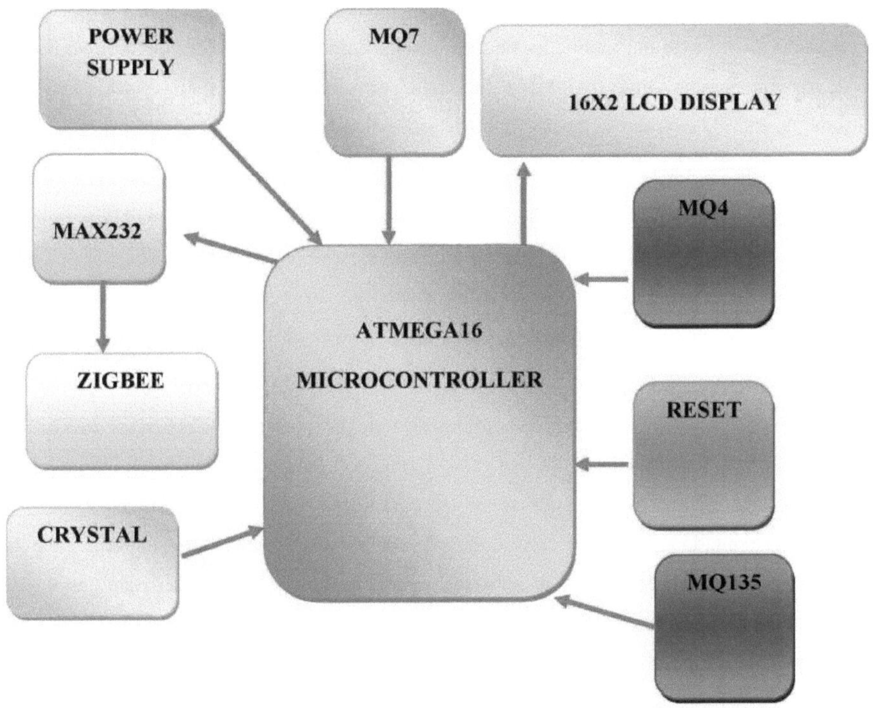

Fig 2: Block Diagram

4.2 Componentes de hardware:

1. MICROCONTROLADOR ATMEGA16 AVR
2. ZIGBEE
3. MAX232
4. ECRÃ LCD
5. FONTE DE ALIMENTAÇÃO.
6. MQ7
7. MQ4

8. MQ135

4.2.1MICROCONTROLADOR ATMEGA-16:

4.2.1.1 Visão geral:

O Atmega16 é um microcontrolador CMOS de 8 bits de baixa potência baseado na arquitetura RISC melhorada AVR. Ao executar instruções poderosas num único ciclo de relógio, o Atmega16 atinge taxas de transferência próximas de 1 MIPS por MHz, permitindo que o sistema concebido optimize o consumo de energia em relação à velocidade de processamento.

O núcleo do AVR combina um rico conjunto de instruções com 32 registos de trabalho de uso geral. Todos os 32 registos estão diretamente ligados à Unidade de Lógica Aritmética (ALU), permitindo o acesso a dois registos independentes numa única instrução executada num ciclo de relógio. A arquitetura resultante é mais eficiente em termos de código, ao mesmo tempo que atinge taxas de transferência até dez vezes mais rápidas do que os microcontroladores CISC convencionais.

O Atmega16 oferece as seguintes características: 8K bytes de memória de programa Flash programável no sistema com capacidades de leitura enquanto se escreve, 1024 bytes de EEPROM, 2K bytes de SRAM, 32 linhas de E/S de uso geral, 32 registos de trabalho de uso geral, uma interface JTAG para Boundary scan, suporte e programação de depuração no chip, três temporizadores/contadores flexíveis com modos de comparação, Interrupções internas e externas, uma USART programável em série, uma interface de série de dois fios orientada para bytes, um ADC de 8 canais e 10 bits com fase de entrada diferencial opcional com ganho programável (apenas embalagem TQFP), um temporizador Watchdog programável com oscilador interno, uma porta de série SPI e seis modos de poupança de energia seleccionáveis por software. O modo Inativo pára a CPU enquanto permite que a USART, a interface de dois fios, o conversor A/D, a SRAM, o temporizador/contadores, a porta SPI e o sistema de interrupção continuem a funcionar. O modo Power-down guarda o conteúdo dos registos mas congela o oscilador, desactivando todas as outras funções do chip até à próxima interrupção externa ou reinicialização do hardware. No modo de poupança de energia, o temporizador assíncrono continua a funcionar, permitindo ao utilizador manter uma base de temporizador enquanto o resto do dispositivo está a dormir. O modo de redução de ruído do ADC pára a CPU e todos os módulos de E/S, exceto o temporizador assíncrono e o ADC, para minimizar o ruído de comutação durante as conversões do ADC. No modo Standby, o oscilador de cristal/ressonador está a funcionar enquanto o resto do dispositivo está em repouso. Isto permite um arranque muito rápido combinado com um baixo consumo de energia. No modo de espera alargada, tanto o oscilador principal como o temporizador assíncrono continuam a funcionar.

4.2.1.2 Características:

1. Microcontrolador AVR® de 8 bits de alto desempenho e baixo consumo

2. Arquitetura RISC avançada

a) 131 Instruções poderosas - A maioria das execuções de ciclo de relógio único

b) 32 x 8 Registos de trabalho de uso geral

c) Funcionamento totalmente estático

d) Taxa de transferência de até 16 MIPS a 16 MHz

e) Multiplicador de 2 ciclos no chip

3. Segmentos de memória não volátil de alta resistência

a) 32K Bytes de memória de programa Flash autoprogramável no sistema

b) 1024 Bytes EEPROM

c) SRAM interna de 2K bytes

d) Ciclos de escrita/apagamento: 10.000 Flash/100.000 EEPROM

e) Retenção de dados: 20 anos a 85°C/100 anos a 25°C(1)

f) Secção de código de arranque opcional com bits de bloqueio independentes

g) Programação no sistema através do programa de arranque no chip Funcionamento real de leitura e escrita

h) Bloqueio de programação para segurança de software

4. Interface JTAG (compatível com IEEE std. 1149.1)

a) Capacidades de análise de fronteiras de acordo com a norma JTAG

b) Suporte extensivo de depuração no chip

c) Programação de Flash, EEPROM, fusíveis e bits de bloqueio através da interface JTAG

5. Características periféricas

a) Dois temporizadores/contadores de 8 bits com pré-escaladores e modos de comparação separados

b) Um temporizador/contador de 16 bits com pré-escalonamento, modo de comparação e modo de captura separados

c) Contador de tempo real com oscilador separado

d) Quatro canais PWM

e) ADC de 8 canais e 10 bits

f) 8 canais de terminação única

g) 7 canais diferenciais apenas no pacote TQFP

h) 2 canais diferenciais com ganho programável a 1x, 10x ou 200x

i) Interface série de dois fios orientada para bytes

j) USART série programável

k) Interface de série SPI mestre/escravo

l) Temporizador Watchdog programável com oscilador separado no chip

m) Comparador analógico no chip

6. Características especiais do microcontrolador

a) Reposição de energia e deteção de Brown-out programável

b) Oscilador RC calibrado internamente

c) Fontes de interrupção externas e internas

d) Seis modos de suspensão: Inativo, Redução de ruído ADC, Poupança de energia, Desligar, Espera e - --Extended Standby

7. E/S e pacotes

a) 32 linhas de E/S programáveis

b) PDIP de 40 pinos, TQFP de 44 pinos e QFN/MLF de 44 pinos

8. Tensões de funcionamento

a) 2,7 - 5,5V para ATmega16L

b) 4,5 - 5,5V para ATmega16

9. Consumo de energia a 1 MHz, 3 V, 25°C para ATmega16L

a) Ativo: 1,1 mA

b) Modo inativo: 0,35 mA

c) Modo de desativação: < 1 mA

4.2.1.3 Configuração de pinos:

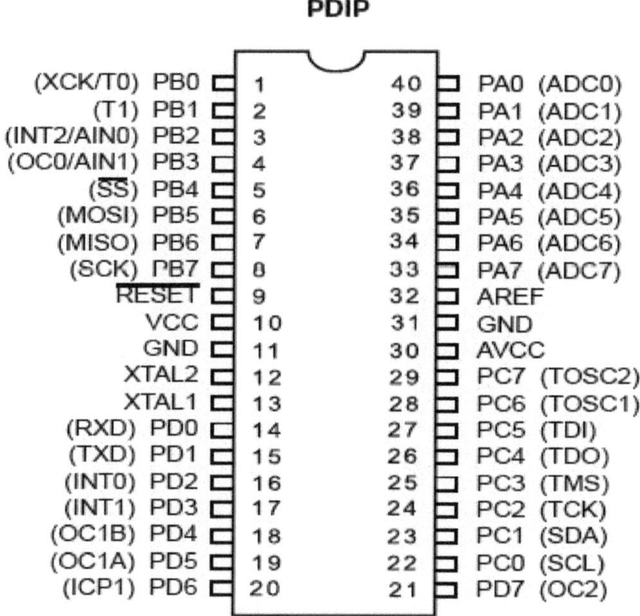

Fig. 3: Diagrama de pinos do ATMEGA16

4.2.1.4 Descrições dos pinos:

VCC: Tensão de alimentação digital.

GND: Terra.

Porta A (PA7...PA0):

A porta A serve como entradas analógicas para o conversor A/D. A porta A também serve como uma porta de E/S bidirecional de 8 bits, se o conversor A/D não for utilizado. Os pinos da porta podem fornecer resistências de pull-up internas (seleccionadas para cada bit). Os buffers de saída da Porta A têm características de acionamento simétricas com capacidade de fonte e de dissipação elevada. Quando os pinos PA0 a PA7 são utilizados como entradas e são externamente puxados para baixo, eles serão fonte de corrente se as resistências de pull-up internas estiverem activadas. Os pinos da Porta A são tri-estacionados quando uma condição de reinicialização se torna ativa, mesmo que o relógio não esteja a funcionar.

Porta B (PB7...PB0):

A porta B é uma porta E/S bidirecional de 8 bits com resistências pull-up internas (seleccionadas para cada bit). Os buffers de saída da Porta B têm características de acionamento simétricas com capacidade de fonte e de dissipação elevada. Como entradas, os pinos da porta B que são puxados externamente para baixo irão fornecer corrente se as resistências pull-up forem activadas. Os pinos do Porto B são tri-estacionados quando uma condição de reinicialização se torna ativa, mesmo que o relógio não esteja a funcionar.

Porto C (PC7...PC0):

A porta C é uma porta E/S bidirecional de 8 bits com resistências pull-up internas (seleccionadas para cada bit). Os buffers de saída da porta C têm características de acionamento simétricas com capacidade de fonte e de dissipação elevada. Como entradas, os pinos da porta C que são puxados externamente para baixo irão gerar corrente se as resistências pull-up forem activadas. Os pinos da porta C são tri-estacionados quando uma condição de reinicialização se torna ativa, mesmo que o relógio não esteja a funcionar. Se a interface JTAG estiver activada, as resistências pull-up nos pinos PC5(TDI), PC3(TMS) e PC2(TCK) serão activadas mesmo que ocorra uma reinicialização. O pino TD0 é tri-estacionado, a menos que sejam introduzidos estados TAP que deslocam dados para fora.

Porta D (PD7..PD0):

A porta D é uma porta E/S bidirecional de 8 bits com resistências pull-up internas (seleccionadas para cada bit). Os buffers de saída da Porta D têm características de acionamento simétricas com capacidade de fonte e de dissipação elevada. Como entradas, os pinos da Porta D que são puxados externamente para baixo irão gerar corrente se as resistências pull-up forem activadas. Os pinos do Porto D são tri-estacionados quando uma condição de reinicialização se torna ativa, mesmo que o relógio não esteja a funcionar.

RESET: Entrada de reinicialização. Um nível baixo neste pino durante mais tempo do que a duração mínima do impulso irá gerar uma reposição, mesmo que o relógio não esteja a funcionar.

XTAL1: Entrada para o amplificador inversor do oscilador e entrada para o circuito de funcionamento do relógio interno.

XTAL2: Saída do amplificador inversor do oscilador.

AVCC: AVCC é o pino de tensão de alimentação para a Porta A e o Conversor A/D. Deve ser ligado externamente a VCC, mesmo que o ADC não seja utilizado. Se o ADC for utilizado, deve ser ligado a VCC através de um filtro passa-baixo.

AREF: AREF é o pino de referência analógica para o conversor A/D.

4.2.1.4 AVR ATmega16 Memórias:

Esta secção descreve as diferentes memórias do ATmega16. A arquitetura do AVR tem dois espaços de memória principais, a Memória de Dados e o espaço da Memória de Programa. Além disso, o

ATmega16 possui uma memória EEPROM para armazenamento de dados. Todos os três espaços de memória são lineares e regulares.

4.2.1.5 Memória de programa Flash reprogramável no sistema:

O ATmega16 contém 32K bytes de memória Flash Reprogramável no Sistema para armazenamento de programas. Como todas as instruções do AVR têm 16 ou 32 bits de largura, a Flash está organizada como 16K x 16. Para segurança do software, o espaço da memória de programa Flash está dividido em duas secções, a secção de programa de arranque e a secção de programa de aplicação.

A memória Flash tem uma resistência de pelo menos 10.000 ciclos de escrita/apagamento. O Contador de Programa (PC) do ATmega16 tem 14 bits de largura, endereçando assim as 16K posições de memória de programa. O funcionamento da Programação Flash em modo SPI, JTAG ou Programação Paralela. As tabelas de constantes podem ser alocadas dentro de todo o espaço de endereço da memória de programa (veja a descrição da instrução LPM - Load Program Memory).

Os diagramas de temporização para a busca e execução de instruções são apresentados em "Temporização da execução de instruções", acima.

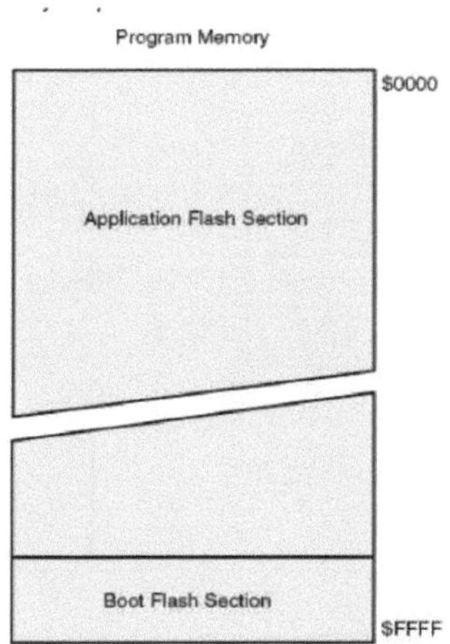

Fig 4: Organização da Memória Flash

4.2.1.6 Memória de dados SRAM:

A figura abaixo mostra a organização da memória SRAM do ATmega16. As 2144 localizações inferiores da Memória de Dados dirigem-se ao Ficheiro de Registo, à Memória I/O e à SRAM de dados interna. As primeiras 96 posições referem-se ao Ficheiro de Registo e à Memória I/O, e as 2048 posições seguintes referem-se à SRAM de dados interna.

Os cinco modos de endereçamento diferentes para a memória de dados abrangem: Direto, Indireto com Deslocamento, Indireto, Indireto com Pré-decremento e Indireto com Pós-incremento. No ficheiro de registos, os registos R26 a R31 apresentam os registos de ponteiro de endereçamento indireto. O endereçamento direto alcança todo o espaço de dados.

O modo Indireto com Deslocamento atinge 63 localizações de endereço a partir do endereço base dado pelo registo Y ou Z. Ao utilizar os modos de endereçamento indireto de registo com pré-decremento e pós-incremento automáticos, os registos de endereço X, Y e Z são decrementados ou incrementados. Os 32 registos de trabalho de uso geral, os 64 registos de E/S e os 2048 bytes de dados internos da SRAM do ATmega16 são acessíveis através de todos estes modos de endereçamento.

4.2.1.7 Diagrama de blocos do ATmega16:

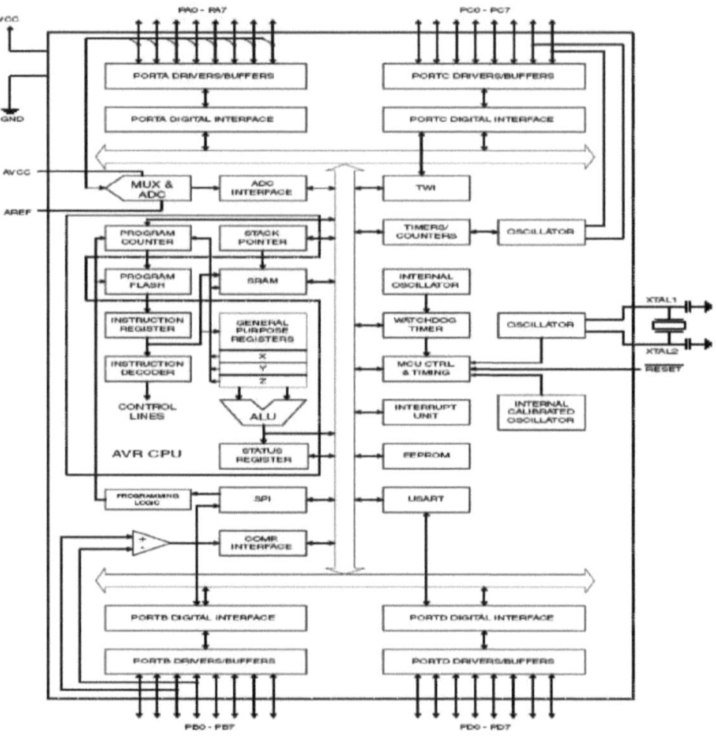

Fig 5: Diagrama de blocos do ATMEGA16

4.2.1.8 Conversor analógico-digital:

1. Resolução de 10 bits
2. 0,5 LSB Não-linearidade integral
3. ±2 LSB Precisão absoluta

4. 13 - 260 μs Tempo de conversão
5. Até 15 kSPS na resolução máxima
6. 8 canais de entrada de extremidade única multiplexados
7. 7 Canais de entrada diferencial
8. 2 canais de entrada diferencial com ganho opcional de 10x e 200x
9. Ajuste opcional à esquerda para leitura de resultados ADC
10. 0 - VCC Gama de tensão de entrada ADC
11. Tensão de referência de ADC de 2,56 V selecionável
12. Modo de funcionamento livre ou de conversão única
13. Conversão de início de ADC por disparo automático em fontes de interrupção
14. Interrupção na conversão ADC completa
15. Cancelador de ruído no modo de repouso

O ATmega16 possui um ADC de aproximação sucessiva de 10 bits. O ADC está ligado a um multiplexador analógico de 8 canais que permite 8 entradas de tensão de extremidade única construídas a partir dos pinos da porta A. As entradas de tensão de extremidade única referem-se a 0 V (GND).

O dispositivo também suporta 16 combinações de entrada de tensão diferencial. Duas das entradas diferenciais (ADC1, ADC0 e ADC3, ADC2) estão equipadas com um estágio de ganho programável, fornecendo passos de amplificação de 0 dB (1x), 20 dB (10x) ou 46 dB (200x) na tensão de entrada diferencial antes da conversão A/D. Sete canais de entrada analógica diferencial partilham um terminal negativo comum (ADC1), enquanto qualquer outra entrada ADC pode ser selecionada como terminal de entrada positivo. Se for utilizado um ganho de 1x ou 10x, pode esperar-se uma resolução de 8 bits. Se forem utilizados ganhos de 200 x, é expetável uma resolução de 7 bits.

O ADC contém um circuito de amostragem e retenção que assegura que a tensão de entrada para o ADC é mantida a um nível constante durante a conversão.

O ADC tem um pino de tensão de alimentação analógica separado, AVCC. AVCC não deve diferir mais de ±0,3 V de VCC. Consulte o parágrafo "Cancelador de ruído do ADC" para saber como ligar este pino.

As tensões de referência internas de nominalmente 2,56V ou AVCC são fornecidas no chip. A referência de tensão pode ser desacoplada externamente no pino AREF por um capacitor para melhor desempenho de ruído.

4.2.1.9 Esquema de bloco do conversor analógico-digital

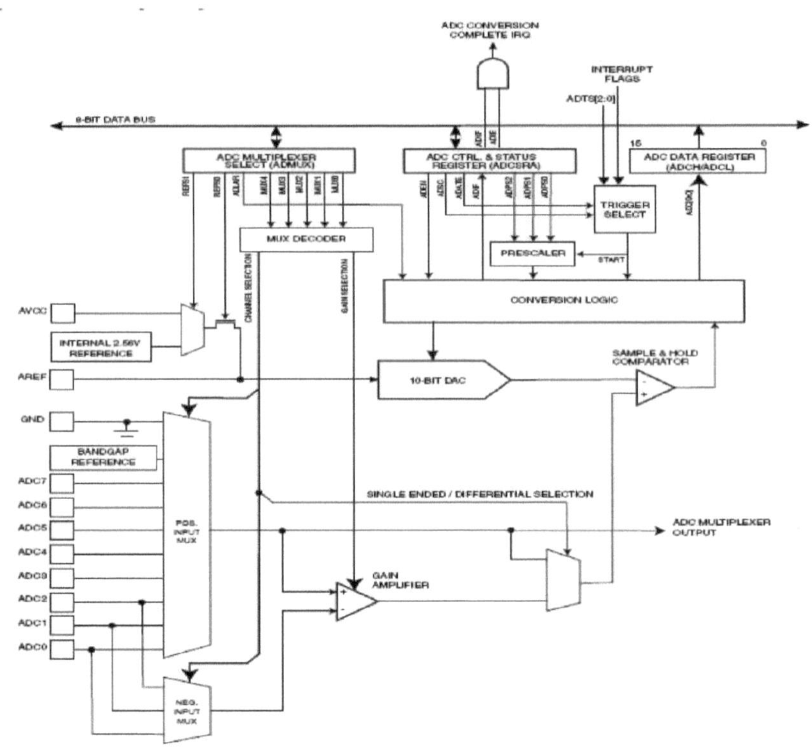

Fig 6: Bloco esquemático do conversor analógico-digital

Funcionamento:

O ADC converte uma tensão de entrada analógica num valor digital de 10 bits através de aproximação sucessiva. O valor mínimo representa GND e o valor máximo representa a tensão no pino AREF menos 1 LSB. Opcionalmente, AVCC ou uma tensão de referência interna de 2,56V pode ser ligada ao pino AREF escrevendo nos bits REFSn no Registo ADMUX. A referência de tensão interna pode assim ser desacoplada por um condensador externo no pino AREF para melhorar a imunidade ao ruído.

O canal de entrada analógica e o ganho diferencial são seleccionados escrevendo nos bits MUX em ADMUX. Qualquer um dos pinos de entrada do ADC, bem como o GND e uma referência de tensão de intervalo de banda fixa, podem ser seleccionados como entradas de extremidade única para o ADC. Uma seleção de pinos de entrada do ADC pode ser selecionada como entradas positivas e negativas para o amplificador de ganho diferencial. Se forem seleccionados canais diferenciais, o estágio de ganho diferencial amplifica a diferença de tensão entre o par de canais de entrada selecionado pelo fator de ganho selecionado. Este valor amplificado torna-se então a entrada analógica para o ADC. Se forem utilizados canais de terminação simples, o amplificador de ganho é ignorado por completo.

O ADC é ativado através da definição do bit de ativação do ADC, ADEN em ADCSRA. As selecções de referência de tensão e de canal de entrada não entrarão em vigor até que ADEN seja definido. O ADC não consome energia quando ADEN está desativado, pelo que se recomenda que o ADC seja desligado antes de entrar nos modos de suspensão de poupança de energia.

O ADC gera um resultado de 10 bits que é apresentado nos registos de dados do ADC, ADCH e ADCL. Por defeito, o resultado é apresentado ajustado à direita, mas pode opcionalmente ser apresentado ajustado à esquerda, definindo o bit ADLAR no ADMUX. Se o resultado for ajustado à esquerda e não for necessária uma precisão superior a 8 bits, é suficiente ler ADCH. Caso contrário, ADCL deve ser lido primeiro, depois ADCH, para garantir que o conteúdo dos Registos de Dados pertence à mesma conversão. Uma vez lido o ADCL, o acesso do ADC aos registos de dados é bloqueado. Isto significa que se ADCL tiver sido lido e uma conversão for concluída antes de ADCH ser lido, nenhum dos registos é atualizado e o resultado da conversão é perdido. Quando ADCH é lido, o acesso do ADC aos Registos ADCH e ADCL é reativado. O ADC tem a sua própria interrupção que pode ser accionada quando uma conversão é concluída. Quando o acesso do ADC aos Registos de Dados é proibido entre a leitura de ADCH e ADCL, a interrupção é activada mesmo que o resultado se perca.

4.2.2MÓDULO ZIGBEE:

Fig 7: Módulo Zigbee

4.2.2.1 Descrição:

Fornece uma interface de nó Zigbee que pode ligar-se ou criar uma rede Zigbee. EB051C - Nó Zigbee coordenador, utilizado para iniciar, configurar a rede e permitir a adesão de outros nós. EB051R - Nó de router/dispositivo final, utilizado para ligar e comunicar com redes iniciadas por um EB051C. O Zigbee é um protocolo baseado em software que assenta no topo da norma 802.11 RF para dispositivos sem fios, semelhante ao Bluetooth. Ao contrário do Bluetooth, o Zigbee é capaz de formar grandes redes de nós e possui características avançadas, como redes em malha, estruturas de endereçamento simples, deteção de rotas, reparação de rotas, entrega garantida e modos de funcionamento de baixa potência.

Os E-Blocks EB051 Zigbee são totalmente compatíveis com as normas Zigbee pro (07) e ZNET (08) Zigbee. As placas podem ser utilizadas para criar uma rede de nós Zigbee dinâmicos e móveis ou para estabelecer uma interface com uma rede Zigbee existente. O Zigbee fornece uma camada transparente para enviar e receber dados da rede. Assim, uma vez que o módulo tenha sido configurado e atribuído ao endereço correto, o envio e a receção de dados é tão simples como enviar e receber bytes RS232 através da UART do chip.

4.2.2.2 Características:

- Zigbee Comunicações sem fios
- Macros de código de fluxo disponíveis
- Compatível com as normas RF globais
- Módulo Zigbee integrado
- LED de estado
- Conformidade total com Zigbee Pro / ZNET 2007
- Encriptação AES de 128 bits
- Alcance de aproximadamente 100 m por nó

4.2.2.3 Funcionamento do Zigbee:

As placas Zigbee utilizam um módulo XBEE V2 para fazer a interface com a rede Zigbee. Estes módulos estão em conformidade com a norma Zigbee Pro / ZNET de 2007. Os módulos V2 XBEE são fornecidos em duas variedades. Uma está configurada para ser o coordenador da rede Zigbee (EB051C) e a outra está configurada para ser um nó de router ou um nó de dispositivo final (EB051R). A variedade do módulo está assinalada no canto superior direito da placa Zigbee. Os nós coordenadores são responsáveis pela criação da rede Zigbee e por permitir a adesão de outros nós Zigbee. Só pode existir um nó coordenador numa única rede. Os nós router são responsáveis pelo encaminhamento de sinais para outros routers ou para nós terminais. Os nós de dispositivo final são responsáveis pela recolha ou depósito de dados do mundo real de e para a rede Zigbee. O nó coordenador e os nós router têm capacidade para gerir até oito dispositivos filhos. Os dispositivos filhos podem ser constituídos por outros nós Router ou nós de equipamentos terminais. Se um nó de dispositivo final estiver configurado para dormir, o dispositivo pai associado a esse nó será responsável pelo armazenamento em buffer de todos os dados recebidos. Por conseguinte, se estiver a utilizar dispositivos terminais em modo de suspensão, deve certificar-se de que sonda o dispositivo principal para obter dados sempre que este sair do modo de suspensão. Compatibilidade com sistemas de 3,3 V A placa é compatível com sistemas de 3,3 V e 5 V.

4.2.2.4 Comunicações:

Os módulos XBEE são configurados através da utilização de um bus RS232 de nível TTL para enviar e receber comandos AT. Este protocolo requer um bit de arranque, oito bits de dados e um bit de paragem. A taxa de transmissão para os módulos XBEE está definida para 9600, sem paridade e com linhas de controlo de fluxo RTS e CTS que podem ser utilizadas. Os comandos AT são sequências de dados ASCII que são enviados através do bus RS232. Para mais informações sobre os comandos AT utilizados pelo módulo XBEE, consulte a folha de dados V2 XBEE. Exemplo de comando AT ATID 234 - Atribui um identificador de rede de área pessoal de 0x234 ou 564 em decimal. *6. Módulo XBEE V2* Para mais informações sobre o módulo XBEE, visite a seguinte hiperligação.

4.2.2.5 Layout da placa:

1. Ficha tipo D de 9 vias
2. Sistema de correção
3. Seleção de encaminhamento UART Rx e Tx
4. Seleção de encaminhamento CTS, RTS e SLEEP
5. Seleção da tensão de alimentação de entrada
6. Terminais de parafuso da tensão de alimentação de entrada
7. Regulador de 3,3V
8. Deslocador de nível de tensão
9. LED de estado
10. Módulo XBEE Zigbee
11. Marcação do coordenador / encaminhador / dispositivo final.

O ZigBee é um protocolo de rede sem fios especificamente concebido para redes de sensores e de controlo de baixa velocidade. Em comparação com outros protocolos sem fios, o protocolo sem fios ZigBee oferece:

- baixa complexidade,
- necessidades reduzidas de recursos
- E, mais importante ainda, um conjunto de especificações normalizadas.
- Oferece também três bandas de frequência de funcionamento, juntamente com uma série de configurações de rede
- E capacidade de segurança opcional.

4.2.2.6 Módulos Xbee:

Desempenho: XBee

1. Potência de saída: 2mW (+3 dBm) modo de reforço, 1,25 mW (+1 dBm) modo normal
2. Alcance interior/urbano: Até 133 pés (40 m)
3. Alcance da linha de visão exterior/RF: Até 400 pés (120 m)
4. Débito de dados RF: 250 Kbps
5. Taxa de dados da interface: Até 1 Mbps selecionável por software
6. Frequência de funcionamento: 2,4 GHz
7. Sensibilidade do recetor:
8. Modo de reforço de 96 dBm
9. 95 dBm modo normal

Desempenho: XBee-PRO

1. Saída de potência: 50 mW (+17 dBm) na versão norte-americana, 10 mW (+10 dBm) na versão internacional.
2. Alcance interior/urbano: Até 400 pés (120 m)
3. Alcance da linha de visão exterior/RF: Até 1 milha (1,6 km) RF LOS
4. Débito de dados RF: 250 Kbps
5. Taxa de dados da interface: Até 1 Mbps selecionável por software
6. Frequência de funcionamento: 2,4 GHz
7. Sensibilidade do recetor: -102 dBm (todas as variantes)

Ligação em rede:

- Tipo de espetro alargado: DSSS (Direct Sequence Spread Spectrum)
- Topologia de rede: Malha, ponto-a-ponto e ponto-a-multiponto
- Tratamento de erros: Tentativas e confirmações
- Opções de filtragem: ID PAN, Canal e endereços de 64 bits
- Capacidade do canal:
- XBee: 16 canais
- XBee-PRO: 13 canais
- Endereçamento: 65.000 endereços de rede disponíveis para cada canal

Potência:

Tensão de alimentação:

- XBee: 2,1 - 3,6 VDC
- XBee-PRO: 3,0 - 3,4 VDC
- Recomendação da área de cobertura do XBee: 3,0 - 3,4 VDC

4.2.2.7 Configuração de pinos do Zigbee

Pin No.	Name	Direction	Description
1	V_{CC}	Input	Power Supply
2	D_{OUT}	Output	Serial Data Out
3	D_{IN}	Input	Serial Data In
4	RESERVED	_	
5	RST	Input	Module Reset
6	*RSSI	Output	RSSI Indicator
7	*PWM	Output	PWM Output
8	B_{GND}	Input	Programming Pin
9	SLEEP	Input	Sleep Control
10	GND	_	Ground
11	AD4/DIO4	I/O	Analog Input 4 or Digital I/O 4
12	CTS/DIO7	I/O	CTS or Digital I/O 7
13	*STATUS	Output	Module Status
14	V_{REF}	Input	Reference Voltage for Analog Input
15	AD5/DIO5	I/O	Analog Input 5 or Digital I/O 5
16	RTS/DIO6	I/O	RTS or Digital I/O 6
17	AD3/DIO3	I/O	Analog Input 3 or Digital I/O 3
18	AD2/DIO2	I/O	Analog Input 2 or Digital I/O 2
19	AD1/DIO1	I/O	Analog Input 1 or Digital I/O 1
20	AD0/DIO0	I/O	Analog Input 0 or Digital I/O 0

Tabela 01: Configuração dos pinos do Zigbee

4.2.2.8 Interface e funcionamento:

Os módulos Tarang fazem interface com um dispositivo anfitrião através de uma porta série assíncrona de nível lógico. Através da sua porta série, o módulo pode comunicar com qualquer UART compatível com lógica e tensão ou através de um tradutor de nível para qualquer dispositivo série (por exemplo: RS-232 ou placa de interface USB).

4.2.2.9 Interface de série:

O Tarang pode ser ligado a um microcontrolador ou a um PC através de uma porta série com a ajuda de

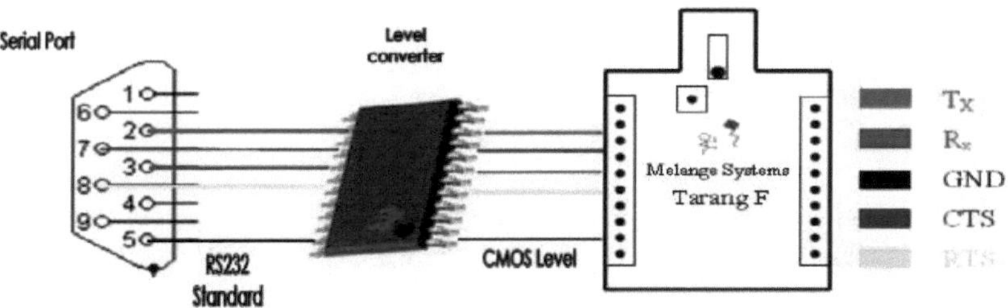

Fig 8: Interface série

CTS e RTS são opcionais. (Consulte a configuração dos pinos para obter detalhes) Tarang suporta dados em série com,

- Controlo de fluxo: Hardware, Nenhum
- Paridade: Nenhuma
- Taxas de baud: 1200,2400,4800,9600,19200,38400,57600,115200
- Bits de dados: 8

Para estabelecer uma comunicação de série bem sucedida com o módulo, é necessário configurar corretamente os parâmetros de série no módulo e no anfitrião. Tanto as definições do módulo como as do PC podem ser visualizadas e definidas utilizando o conjunto de comandos AT através de aplicações de terminal populares como o "HyperTerminal".

4.2.3ECRÃ DE CRISTAIS LÍQUIDOS (LCD):

4.2.3.1 INTRODUÇÃO:

Ecrã de cristais líquidos é um tipo de ecrã utilizado em relógios digitais e em muitos computadores portáteis. Os ecrãs LCD utilizam duas folhas de material polarizador com uma solução de cristais líquidos entre elas. A passagem de uma corrente eléctrica através do líquido faz com que os cristais se alinhem de forma a que a luz não possa passar através deles. Assim, cada cristal é como um obturador, permitindo a passagem da luz ou bloqueando-a. Os LCDs tornaram-se muito populares nos últimos anos para a apresentação de informações em muitos "aparelhos" inteligentes. São normalmente controlados por microcontroladores. Tornam os equipamentos complicados mais fáceis de utilizar. Os LCDs existem em muitas formas e tamanhos, mas o mais comum é o ecrã de 20 caracteres x 4 linhas sem luz de fundo. Requer apenas 11 ligações - oito bits para dados (que podem ser reduzidos para quatro, se necessário) e três linhas de controlo (aqui só utilizámos duas). Funciona com uma alimentação de 5 V DC e necessita apenas de cerca de 1mA de corrente. O contraste do ecrã pode ser variado alterando a tensão no pino 3 do ecrã, normalmente com um potenciómetro de ajuste.

Fig 9: Ecrã LCD 2*16

O LCD acrescenta muito à nossa aplicação em termos de fornecer uma interface útil para o utilizador, depurar uma aplicação ou simplesmente dar-lhe um aspeto "profissional". O tipo mais comum de controlador de LCD é o Hitachi 44780, que fornece uma interface relativamente simples entre um processador e um LCD.

4.2.3.2 Descrição da interface do LCD:

Para que o visor funcione são necessários oito bits de dados, uma linha de seleção de registo (RS) e uma linha estroboscópica (E). Uma terceira entrada, R/W, é utilizada para ler ou escrever dados de/para o LCD. Os oito bits de dados são fornecidos pelas linhas de dados da porta do controlador e são utilizadas duas linhas de controlo da porta do controlador para RS ("auto") e E ("strobe"). Basicamente, o LCD tem dois registos, um registo de dados e um registo de comando. Os dados são escritos no registo de comando quando RS é baixo e no registo de dados quando RS é alto. Os dados são colocados no registo do LCD no limite descendente de Enable'.

4.2.3.3 Descrição dos pinos do LCD:

Pins	Description
1	Ground
2	Vcc
3	Contrast Voltage
4	"R/S" _Instruction/Register Select
5	"R/W" _Read/Write LCD Registers
6	"E" Clock
7 - 14	Data I/O Pins

Tabela 02: Descrição dos pinos do LCD

A partir desta descrição, a interface é um bus paralelo, permitindo a leitura/escrita simples e rápida de dados de e para o LCD. Esta forma de onda irá escrever um Byte ASCII no ecrã do LCD. O código ASCII a ser exibido tem oito bits de comprimento e é enviado para o LCD quatro ou oito bits de cada vez. Se for utilizado o modo de quatro bits, são enviados dois "nibbles" de dados (quatro bits altos enviados e quatro bits baixos com um impulso de relógio "E" em cada nibble) para perfazer uma transferência completa de oito bits. O relógio "E" é utilizado para iniciar a transferência de dados no LCD.

O envio de dados paralelos, em quatro ou oito bits, são os dois principais modos de funcionamento. Embora existam considerações e modos secundários, decidir como enviar os dados para o LCD é a decisão mais crítica a ser tomada para uma aplicação de interface LCD. O modo de oito bits é melhor utilizado quando é necessária velocidade numa aplicação e estão disponíveis pelo menos dez pinos de E/S. O modo de quatro bits requer um mínimo de seis bits. Para ligar um microcontrolador a um LCD no modo de quatro bits, apenas os quatro bits superiores (DB4-7) são escritos. O bit "R/S" é utilizado para selecionar se estão a ser transferidos dados ou uma instrução entre o microcontrolador e o LCD. Se o Bit estiver definido, então o byte na posição atual do "Cursor" do LCD pode ser escrito pelo leitor. Quando o bit é reposto a zero, está a ser enviada uma instrução para o LCD ou é lido o estado de execução da última instrução (quer esta tenha sido concluída ou não).

4.2.3.4 CONJUNTO DE INSTRUÇÕES PARA PROGRAMAR O LCD:-

R/S	R/W	D7	D6	D5	D4	D3	D2	D1	D0	Instruction/Description
4	5	14	13	12	11	10	9	8	7	Pins
0	0	0	0	0	0	0	0	0	1	Clear Display
0	0	0	0	0	0	0	0	1	*	Return Cursor and LCD to Home Position
0	0	0	0	0	0	0	1	ID	S	Set Cursor Move Direction
0	0	0	0	0	0	1	D	C	B	Enable Display/Cursor
0	0	0	0	0	1	SC	RL	*	*	Move Cursor/Shift Display
0	0	0	0	1	DL	N	F	*	*	Set Interface Length
0	0	0	1	A	A	A	A	A	A	Move Cursor into CGRAM
0	0	1	A	A	A	A	A	A	A	Move Cursor to Display
0	1	BF	*	*	*	*	*	*	*	Poll the "Busy Flag"
1	0	D	D	D	D	D	D	D	D	Write a Character to the Display at the Current Cursor Position
1	1	D	D	D	D	D	D	D	D	Read the Character on the Display at the Current Cursor Position

Tabela 03: Conjunto de instruções para programar o LCD

Definir a direção do movimento do cursor:

ID - Incrementa o cursor após cada byte escrito no ecrã, se definido

S - Deslocação do ecrã quando o byte é escrito no ecrã

Ativar o ecrã/cursor:

D - Ligar o ecrã (1)/desligar (0)

C - Ligar o cursor (1)/desligar (0)

B - Piscar do cursor Ligado (1)/Desligado (0)

Mover o cursor/deslocar o ecrã:

SC - Deslocação do ecrã On (1)/Off (0)

RL - Direção da deslocação Direita (1)/Esquerda (0)

Definir o comprimento da interface:

DL - Definir o comprimento da interface de dados 8(1)/4(0)

N - Número de linhas de visualização 1(0)/2(1)

F - Tipo de letra de caracteres 5x10(1)/5x7(0)

Sondar a "Bandeira de ocupado":

BF - Este bit é definido enquanto o LCD está a processar

Deslocar o cursor para CGRAM/Exibição:

A - Endereço

Ler/escrever ASCII no ecrã:

D - Dados

A leitura de dados de volta é utilizada nesta aplicação, que requer que os dados sejam movidos para trás e para a frente no LCD. O "Busy Flag" é sondado para determinar se a última instrução que foi enviada completou o processamento. Antes de enviarmos comandos ou dados para o módulo LCD, o módulo deve ser inicializado. Para o modo de oito bits, isso é feito usando a seguinte série de operações:

- Aguardar mais de 15 mseg após a aplicação da alimentação.
- Escreva 0x030 no LCD e aguarde 5 ms para que a instrução seja concluída
- Escreva 0x030 no LCD e aguarde 160 usecs para que a instrução seja concluída
- Escrever 0x030 AGAIN no LCD e esperar 160 usecs ou sondar a bandeira de ocupado
- Definir as características de funcionamento do LCD
- Escrever "Definir comprimento da interface"
- Escreva 0x010 para desligar o ecrã
- Escrever 0x001 para limpar o ecrã
- Escrever "Set Cursor Move Direction" Definir os bits de comportamento do cursor
- Escrever "Enable Display/Cursor" e ativar o ecrã e o cursor opcional.

Descrição da interface do LCD:

Para que o visor funcione são necessários oito bits de dados, uma linha de seleção de registo (RS) e uma linha estroboscópica (E). Uma terceira entrada, R/W, é utilizada para ler ou escrever dados de/para o LCD. Os oito bits de dados são fornecidos pelas linhas de dados da porta do controlador e são utilizadas duas linhas de controlo da porta do controlador para RS ("auto") e E ("strobe"). Basicamente, o LCD tem dois registos, um registo de dados e um registo de comando. Os dados são escritos no registo de comando quando RS é baixo e no registo de dados quando RS é alto. Os dados são colocados no registo do LCD no limite descendente de Enable'.

A sequência para escrever no LCD é a seguinte:

- Para começar, o E é baixo.
- Selecionar o registo para escrever, definindo RS como alto (Dados) ou baixo (Comando).
- Para escrever RW é baixo.
- Escreva os oito bits de dados no LCD.
- Colocar o sinal de ativação num nível alto e depois num nível baixo novamente.

Existem certos requisitos mínimos de temporização que devem ser seguidos quando se escreve no LCD, tais como os tempos de configuração dos dados e a largura de impulso do sinal de ativação. Estes são da ordem das dezenas e centenas de nanossegundos. Os ecrãs LCD têm um sinalizador "ocupado" que é definido enquanto está a executar um comando de controlo. Este sinalizador só é acessível quando a linha R/W está ligada a um valor alto (leitura). Isto implica esperar que o tempo passe antes de aceder novamente ao LCD, o controlador precisa de verificar o sinalizador e, assim, poupar numa linha de E/S! Por exemplo: O comando 'Clear Display' tem um tempo de execução de aproximadamente 1,6 mS. Depois de enviar este comando para o LCD, basta esperar que a bandeira de ocupado seja apagada antes de continuar. Isto garante que o comando foi concluído. Os caracteres a visualizar são escritos na memória RAM de "dados" do LCD. A quantidade de RAM disponível depende do tipo de LCD. O LCD utilizado nesta aplicação tem 80 bytes de RAM. Um contador de endereços interno mantém o endereço do próximo byte a escrever. Estes 80 bytes estão divididos em dois blocos de 40 bytes. O intervalo de endereços do primeiro bloco é de 80h a 8Fh e o segundo bloco de C0h a CFh. Após a ligação e a inicialização, o endereço 80h é o primeiro carácter da linha superior e o endereço C0h é o primeiro carácter da linha inferior. O contador de endereços é definido para o endereço 80h e é automaticamente incrementado após a escrita de cada byte. Apenas os primeiros 16 bytes de cada linha são visíveis. Se começarmos agora a escrever dados no LCD, estes serão armazenados a partir do endereço 80h, mas apenas os primeiros 16 caracteres serão visíveis. Para mostrar o resto dos caracteres, precisamos de "deslocar" o ecrã. Deslocar significa simplesmente mudar o endereço de início de cada linha. Se nos deslocarmos uma posição para a esquerda, o endereço 01h passa a ser o primeiro carácter da linha superior e o endereço C1h o primeiro carácter da linha inferior. O deslocamento para a direita faz o oposto - os endereços 8Fh e CFh tornam-se os primeiros caracteres das linhas superior e inferior.

4.2.4Sensor de monóxido de carbono - MQ-7

Fig 10: Sensor de monóxido de carbono-MQ-7

Descrição:

Este é um sensor de monóxido de carbono (CO) simples de usar, adequado para detetar concentrações de CO no ar. O MQ-7 pode detetar concentrações de gás CO entre 20 e 2000ppm.

Este sensor tem uma sensibilidade elevada e um tempo de resposta rápido. A saída do sensor é uma resistência analógica. O circuito de acionamento é muito simples; tudo o que precisa de fazer é alimentar a bobina de aquecimento com 5V, adicionar uma resistência de carga e ligar a saída a um ADC.

Este sensor é fornecido numa embalagem semelhante à do nosso sensor de álcool MQ-3 e pode ser utilizado com a placa de circuitos impressos abaixo.

DADOS TÉCNICOS SENSOR DE GÁS MQ-7

CARACTERÍSTICAS

* Elevada sensibilidade ao monóxido de carbono

* Estável e de longa duração

CANDIDATURA

São utilizados em equipamentos de deteção de gás para monóxido de carbono (CO) na família e na indústria ou no automóvel.

ESPECIFICAÇÕES

A. Condições normais de trabalho

Visão geral:

Este sensor de gás de monóxido de carbono (CO) detecta as concentrações de CO no ar e emite a sua leitura como uma tensão analógica. O sensor pode medir concentrações de 10 a 10.000 ppm. O sensor pode funcionar a temperaturas de -10 a 50°C e consome menos de 150 mA a 5 V. Leia a folha de dados do MQ7 (185k pdf) para obter mais informações sobre o sensor.

Ligações:

Ligar cinco volts nos pinos de aquecimento (H) mantém o sensor suficientemente quente para funcionar corretamente. A ligação de cinco volts nos pinos A ou B faz com que o sensor emita uma tensão analógica nos outros pinos. Uma carga resistiva entre os pinos de saída e a terra define a sensibilidade do detetor. A carga resistiva deve ser calibrada para a sua aplicação específica utilizando as equações da folha de dados, mas um bom valor inicial para a resistência é 10 kΩ.

Oferecemos duas placas de breakout que facilitam a interface com esses sensores: uma placa de suporte Pololu e uma placa de suporte Spark Fun. A versão Pololu é mostrada abaixo.

Fig. 11: Suporte do sensor de gás MQ com resistência de regulação da sensibilidade.

ESPECIFICAÇÃO:

1. Necessidade de alimentação eléctrica: 5V
2. Tipo de interface: Analógica
3. Definição dos pinos: 1-Saída 2-GND 3-VCC
4. Elevada sensibilidade ao monóxido de carbono
5. Resposta rápida
6. Estável e de longa duração
7. Tamanho: 40x20mm

Cablagem:

A cablagem preferida é ligar os dois pinos "A" juntos e os dois pinos "B" juntos. É mais seguro e presume-se que os resultados de saída são mais fiáveis. Embora muitos esquemas e folhas de dados mostrem o contrário, é aconselhável ligar os dois pinos "A" ao mesmo tempo e os dois pinos "B" ao mesmo tempo.

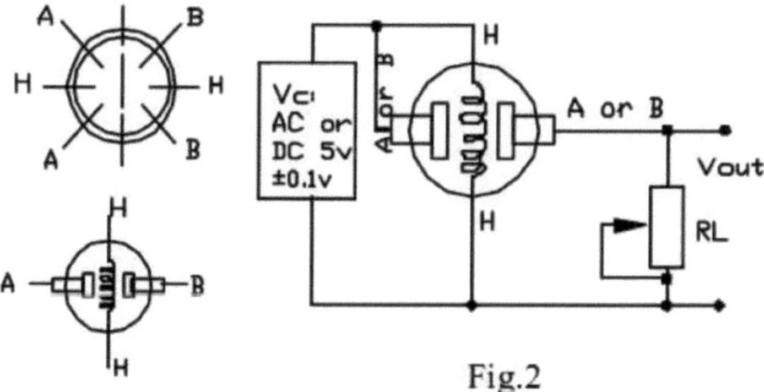

Fig. 12: Cablagem no MQ-7

Na imagem, o aquecedor é para +5V e está ligado a ambos os pinos 'A'. Isto só é possível se o aquecedor necessitar de uma tensão fixa de +5V.

A resistência variável na imagem é a resistência de carga e pode ser utilizada para determinar um bom valor. Na maioria dos casos, é utilizada uma resistência fixa para a resistência de carga.

A saída V é ligada a uma entrada analógica da placa AVR.

O aquecedor:

A tensão para o aquecedor interno é muito importante. Alguns sensores usam 5V para o aquecedor, outros precisam de 2V. Os 2V podem ser criados com um sinal PWM, utilizando analogWrite() e um transístor ou mosfet de nível lógico. O aquecedor não pode ser ligado diretamente a um pino de saída do Arduino, uma vez que consome demasiada corrente para isso. Alguns sensores precisam de alguns passos para o aquecedor. Isto pode ser programado com uma função analogWrite() e atrasos. Um transístor ou mosfet de nível lógico também deve ser utilizado nesta situação para o aquecedor.

Se for utilizado num dispositivo que funcione a pilhas, pode também ser utilizado um transístor ou um mosfet de nível lógico para ligar e desligar o aquecedor. Os sensores que utilizam 5V ou 6V para o aquecedor interno aquecem de facto. Podem facilmente atingir 50 ou 60 graus Celsius. Após o "tempo de aquecimento", o aquecedor precisa de estar ligado durante cerca de 3 minutos (testado com o MQ-7) antes de as leituras ficarem estáveis.

4.2.5Sensor de semicondutores MQ-4 para metano (CH_4):

O material sensível do sensor de gás MQ-4 é o SnO_2 , que tem uma condutividade mais baixa em ar limpo. Quando o gás combustível alvo existe, a condutividade do sensor é mais elevada juntamente com o aumento da concentração de gás. Utilize um circuito elétrico simples, converta a alteração da condutividade para corresponder ao sinal de saída da concentração de gás.

O sensor de gás MQ-4 tem uma elevada sensibilidade ao metano, bem como ao propano e ao butano. O sensor pode ser utilizado para detetar diferentes gases combustíveis, especialmente o metano; é de baixo custo e adequado para diferentes aplicações.

Fig 13: Sensor MQ -4

Características:

a) Boa sensibilidade ao gás combustível numa vasta gama

b) Alta sensibilidade ao gás natural

c) Longa duração e baixo custo

d) Circuito de acionamento simples

Aplicação:

1. Detetor de fugas de gás doméstico
2. Detetor de gás combustível industrial
3. Detetor de gás portátil

Configuração:

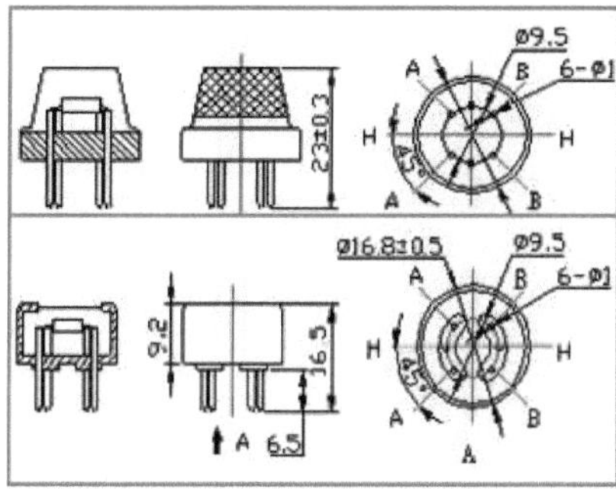

Fig. 14: Configuração do MQ-4

Dados técnicos:

Model No.			MQ-4
Sensor Type			Semiconductor
Standard Encapsulation			Bakelite (Black Bakelite)
Detection Gas			Natural gas/ Methane
Concentration			300-10000ppm (Natural gas / Methane)
Circuit	Loop Voltage	V_c	≤24V DC
	Heater Voltage	V_H	5.0V±0.2V ACorDC
	Load Resistance	R_L	Adjustable
Character	Heater Resistance	R_H	31Ω±3Ω（Room Tem.）
	Heater consumption	P_H	≤900Mw
	Sensing Resistance	R_s	2KΩ-20KΩ(in 5000ppm CH_4)
	Sensitivity	S	Rs(in air)/Rs(5000ppm CH_4)≥5
	Slope	α	≤0.6($R_{5000ppm}$/$R_{3000ppm}$ CH_4)
Condition	Tem. Humidity		20°C±2°C；65%±5%RH
	Standard test circuit		Vc:5.0V±0.1V; V_H: 5.0V±0.1V
	Preheat time		Over 48 hours

Quadro 04: Quadro técnico do MQ-4

Circuito de teste básico:

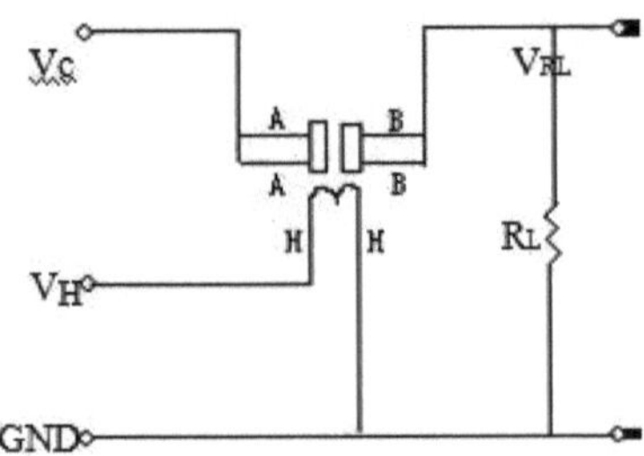

Fig. 15: Circuito de teste básico

O circuito de teste básico do sensor é apresentado acima. O sensor precisa de receber 2 tensões, a tensão do aquecedor (VH) e a tensão de teste (VC). A VH é utilizada para fornecer a temperatura de trabalho certificada ao sensor, enquanto a VC é utilizada para detetar a tensão (VRL) na resistência de carga (RL) que está em série com o sensor. O sensor tem polaridade de luz, Vc precisa de alimentação DC. VC e VH podem utilizar o mesmo circuito de alimentação com condições prévias para assegurar o desempenho do sensor. Para que o sensor tenha um melhor desempenho, é necessário um valor RL adequado:

Corpo(Ps) do Poder da Sensibilidade:

$$Ps=Vc^2 \times Rs/(Rs+RL)^2$$

Resistência do sensor (Rs):

$$Rs=(Vc/VRL-1) \times RL$$

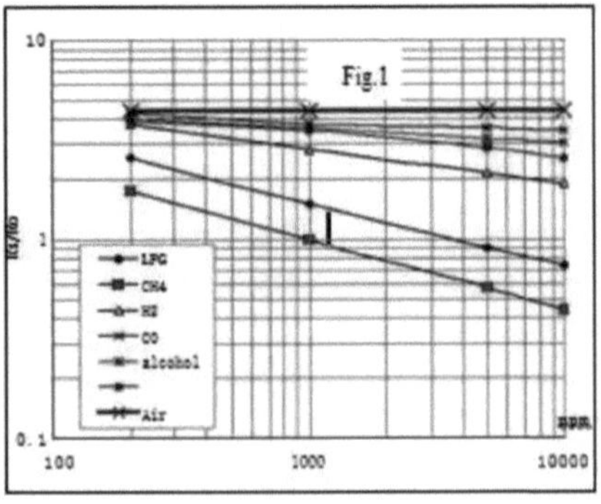

Fig. 16: Características de sensibilidade do MQ-4

As características típicas de sensibilidade do MQ-4, ordenadas significam o rácio de resistência do sensor (Rs/Ro), **a** abcissa é a concentração de gases. Rs significa resistência em diferentes gases, Ro significa resistência do sensor em 1000ppm de metano. Todos os ensaios são efectuados em condições de ensaio normalizadas.

Sensibilidade de potência: A sensibilidade ao fumo consiste em acender 10 cigarros numa sala de 8m^3 e a saída é igual a 200ppm de metano.

Influência da temperatura/umidade:

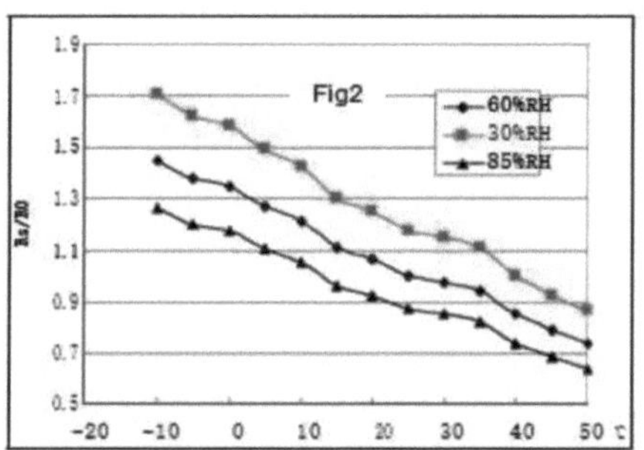

Fig. 17: Influência da temperatura/umidade

As características típicas de temperatura e humidade. A ordenada significa o rácio de resistência do sensor (Rs/Ro), Rs significa a resistência do sensor em 1000ppm de metano sob diferentes temperaturas e humidades. Ro significa a resistência do sensor em ambiente de 1000 ppm de metano, 20° C/65%RH

Estrutura e configuração:

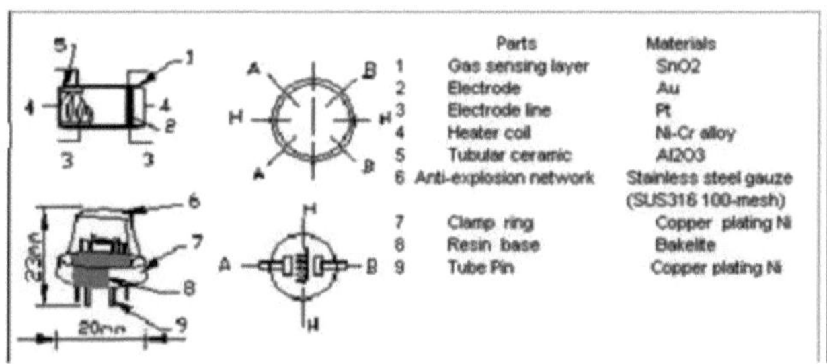

Fig. 18: Estrutura e configuração do MQ-4

A estrutura e a configuração do sensor de gás MQ-4 são mostradas na Fig. 3. O sensor é composto por um tubo de cerâmica micro AL2O3, uma camada sensível de dióxido de estanho (SnO2), um elétrodo de medição e um aquecedor fixados numa crosta feita de plástico e rede de aço inoxidável. O aquecedor fornece as condições de trabalho necessárias para o funcionamento dos componentes sensíveis. O MQ-4 envolvido tem 6 pinos, 4 dos quais são utilizados para obter sinais e os outros 2 são utilizados para fornecer corrente de aquecimento.

4.2.6Sensor MQ-135:

O material sensível do sensor de gás MQ135 é o SnO_2 , que tem uma condutividade mais baixa em ar limpo. Quando o gás combustível alvo existe, a condutividade do sensor é mais elevada juntamente com o aumento da concentração de gás. Utilize um electrocircuito simples, converta a alteração da condutividade para corresponder ao sinal de saída da concentração de gás.

O sensor de gás MQ135 tem uma elevada sensibilidade ao amoníaco, sulfureto e vapor de Benze, sendo também sensível ao fumo e a outros gases nocivos. É de baixo custo e adequado para diferentes aplicações.

Fig 19: Sensor do MQ-135

Características:

1. Boa sensibilidade a gases nocivos numa vasta gama.
2. Elevada sensibilidade ao amoníaco, ao sulfureto e ao Benze.
3. Circuito de acionamento simples.

Configuração:

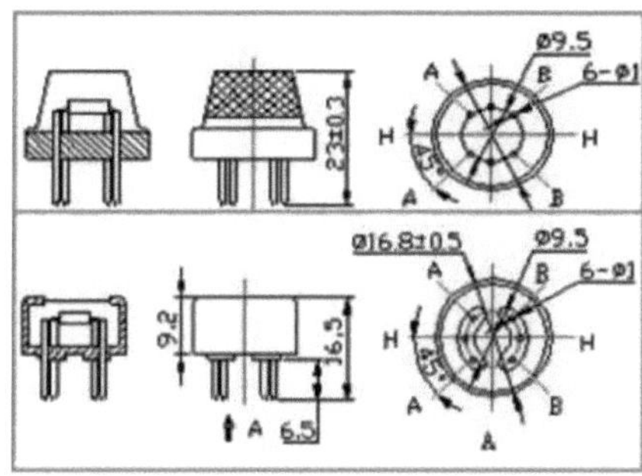

Fig. 20: Configuração do Q-135

Dados técnicos:

Model No.			MQ135
Sensor Type			Semiconductor
Standard Encapsulation			Bakelite (Black Bakelite)
Detection Gas			Ammonia, Sulfide, Benze steam
Concentration			10-10000ppm (Ammonia, Benze, Hydrogen)
Circuit	Loop Voltage	V_c	$\le$24V DC
	Heater Voltage	V_H	5.0V±0.2V AC or DC
	Load Resistance	R_L	Adjustable
Character	Heater Resistance	R_H	31Ω±3Ω (Room Tem.)
	Heater Consumption	P_H	$\le$900mW
	Sensing Resistance	R_s	2KΩ-20KΩ(in 100ppm NH_3)
	Sensitivity	S	Rs(in air)/Rs(100ppm NH_3)$\ge$5
	Slope	α	$\le 0.6(R_{100ppm}/R_{50ppm}\ NH_3)$
Condition	Tem. Humidity		20°C±2°C; 65%±5%RH
	Standard test circuit		V_c:5.0V±0.1V; V_H: 5.0V±0.1V
	Preheat time		Over 48 hours

Quadro 5: Dados técnicos do MQ-135

CICLO DE ENSAIO BÁSICO:

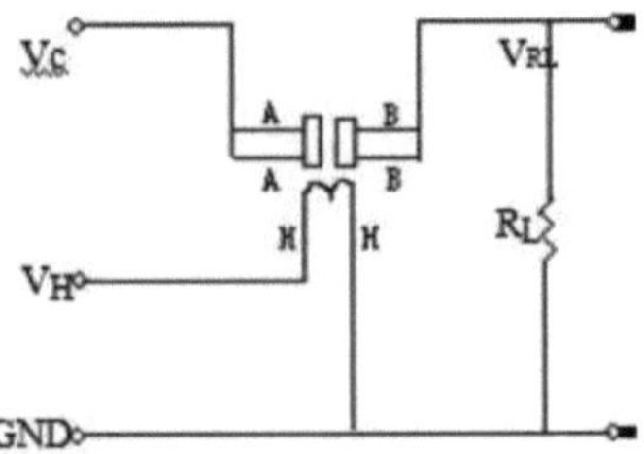

Fig. 21: Circuito de ensaio básico do MQ-135

Este é o circuito de teste básico do sensor. O sensor precisa de receber 2 tensões, a tensão do aquecedor (VH) e a tensão de teste (VC). A VH é utilizada para fornecer a temperatura de trabalho certificada ao sensor, enquanto a VC é utilizada para detetar a tensão (VRL) na resistência de carga (RL) que está em série com o sensor. O sensor tem polaridade de luz, Vc precisa de alimentação DC. VC e VH podem utilizar o mesmo circuito de alimentação com condições prévias para assegurar o desempenho do sensor. Para que o sensor tenha um melhor desempenho, é necessário um valor RL adequado:

Corpo(Ps) do Poder da Sensibilidade:

$$Ps=Vc^2 \times Rs/(Rs+RL)^2$$

Resistência do sensor (Rs):

$$Rs=(Vc/VRL-1) \times RL$$

Estrutura e configuração:

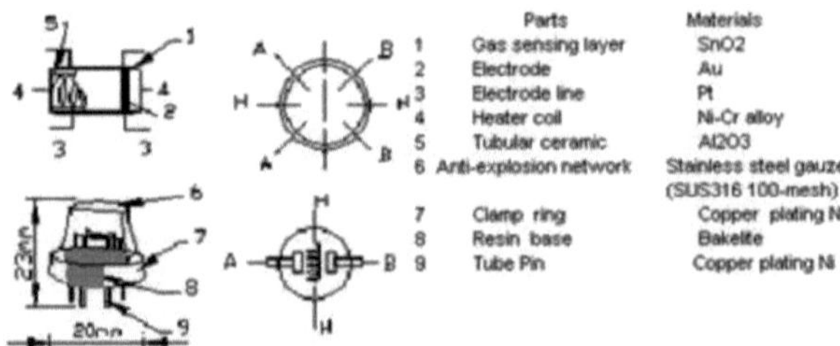

Fig. 22: Estrutura e configuração do MQ-135

Estrutura e configuração do sensor de gás MQ135, o sensor é composto por um tubo de cerâmica micro AL2O3, uma camada sensível de dióxido de estanho (SnO2), um elétrodo de medição e um aquecedor que são fixados numa crosta feita de plástico e rede de aço inoxidável. O aquecedor fornece as condições de trabalho necessárias para o funcionamento dos componentes sensíveis. O MQ-4 envolvido tem 6 pinos, 4 dos quais são utilizados para obter sinais e os outros 2 são utilizados para fornecer corrente de aquecimento.

4.2.7Díodo emissor de luz (LED):

Um díodo emissor de luz (LED) é um díodo semicondutor que emite luz incoerente de espetro estreito quando é polarizado eletricamente na direção da frente da junção pn, como no circuito LED comum. Este efeito é uma forma de eletroluminescência

Ao enviar uma mensagem sob a forma de bits como 1, os dados são enviados para o lado do recetor, correspondentemente o LED acende representando que os dados estão a ser recebidos simultaneamente quando enviamos 8 como dados o LED apaga-se.

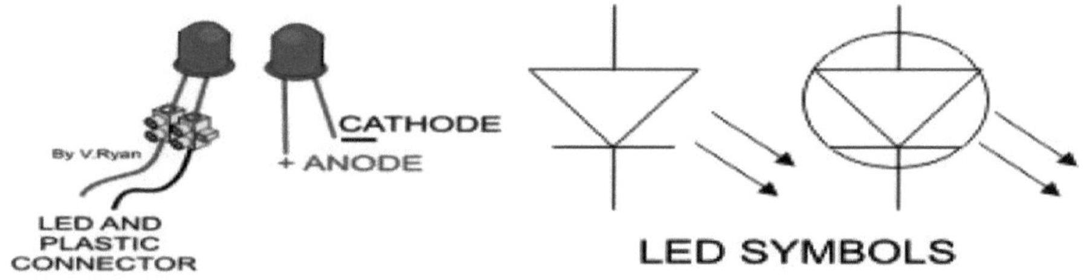

Fig. 23: LED e seus símbolos

Código de cores:

Cor	Diferença de potencial
Infravermelhos	1.6 V
Vermelho	1,8 V a 2,1 V
Laranja	2.2 V
Amarelo	2.4 V
Verde	2.6 V
Azul	3,0 V a 3,5 V
Branco	3,0 V a 3,5 V
Ultravioleta	3.5V

Vantagens:

- Os LEDs têm muitas vantagens em relação a outras tecnologias, como os lasers. Em comparação com díodos laser ou fontes de infravermelhos.
- Os LEDs têm várias vantagens em relação às lâmpadas incandescentes convencionais. Por um

lado, não têm um filamento que se queima, pelo que duram muito mais tempo. Além disso, o seu pequeno bolbo de plástico torna-as muito mais duradouras. Também se adaptam mais facilmente aos circuitos electrónicos modernos.

- A principal vantagem é a eficiência. Nas lâmpadas incandescentes convencionais, o processo de produção de luz envolve a geração de muito calor (o filamento tem de ser aquecido). Trata-se de um desperdício total de energia, a não ser que se utilize a lâmpada como aquecedor, porque uma grande parte da eletricidade disponível não é utilizada para produzir luz visível.
- Os LEDs geram muito pouco calor. Uma percentagem muito maior da energia eléctrica é utilizada diretamente para gerar luz, o que reduz consideravelmente as necessidades de eletricidade.
- Os LEDs oferecem vantagens como um custo mais baixo e uma vida útil mais longa. Além disso, os LEDs têm um consumo de energia muito baixo e são fáceis de manter. Podem ser atribuídas facilmente muitas funções a um robô utilizando as diferentes cores de LED disponíveis.

Desvantagens dos LEDs:

- O desempenho do LED depende em grande medida da temperatura ambiente do ambiente de funcionamento.
- Os LEDs devem ser alimentados com a corrente correcta.
- Os LEDs não se aproximam de uma "fonte pontual" de luz, pelo que não podem ser utilizados em aplicações que necessitem de um feixe altamente colimado.

Mas as desvantagens são bastante insignificantes neste projeto, uma vez que as propriedades negativas dos LEDs não se aplicam e as vantagens excedem largamente as limitações. Por isso, preferimos utilizar o LED como fonte de luz.

4.3 COMUNICAÇÃO EM SÉRIE:

4.3.1 INTRODUÇÃO:

Em telecomunicações e informática, o conceito de comunicação em série é o processo de envio de dados um bit de cada vez, sequencialmente, através de um canal de comunicação ou de um bus informático. Isto contrasta com a comunicação paralela, em que vários bits são enviados como um todo, numa ligação com vários canais paralelos. A comunicação em série é utilizada em todas as comunicações de longo curso e na maioria das redes de computadores, onde o custo dos cabos e as dificuldades de sincronização tornam a comunicação paralela impraticável. Os barramentos de computador em série estão a tornar-se mais comuns, mesmo a distâncias mais curtas, uma vez que a melhoria da integridade do sinal e das velocidades de transmissão nas tecnologias em série mais recentes começou a ultrapassar a vantagem da simplicidade do barramento paralelo (sem necessidade de serializador e desserializador, ou SerDes) e a superar as suas desvantagens (distorção do relógio, densidade da interligação).

Barramentos de série:

Os circuitos integrados são mais caros quando têm mais pinos. Para reduzir o número de pinos num pacote, muitos CIs utilizam um bus série para transferir dados quando a velocidade não é importante. Alguns exemplos desses barramentos de série de baixo custo incluem SPI, I^2 C, UNI/O e 1- Wire.

Comunicação em série assíncrona:

A comunicação em série assíncrona descreve um protocolo de transmissão em série assíncrona em que um sinal de início é enviado antes de cada byte, carácter ou palavra de código e um sinal de paragem é enviado após cada palavra de código. O sinal de início serve para preparar o mecanismo de receção para a receção e registo de um símbolo e o sinal de paragem serve para colocar o mecanismo de receção em repouso, preparando-o para a receção do símbolo seguinte. Um tipo comum de transmissão de início-paragem é o ASCII através de RS-232, por exemplo, para utilização em operações de teletipo.

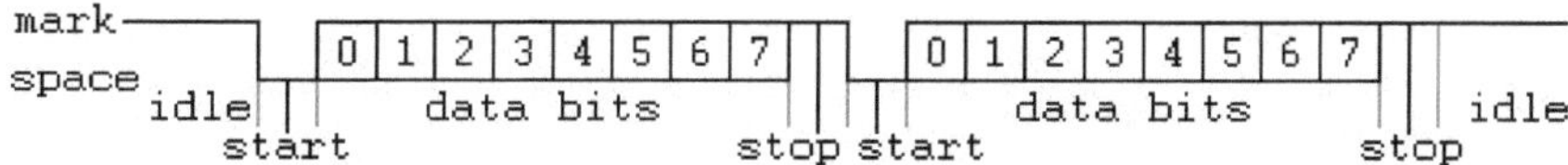

No diagrama, são enviados dois bytes, cada um consistindo num bit de início, seguido de sete bits de dados (bits 0-6), um bit de paridade (bit 7) e um bit de paragem, para um quadro de caracteres de 10 bits. O número de bits de dados e de formatação, a ordem dos bits de dados e a velocidade de transmissão devem ser previamente acordados pelas partes em comunicação. O "bit de paragem" é, na realidade, um "período de paragem"; o período de paragem do transmissor pode ser arbitrariamente longo. Não pode ser mais curto do que uma quantidade especificada, normalmente 1 a 2 bit vezes. O recetor requer um período de paragem mais curto do que o transmissor. No final de cada carácter, o recetor pára brevemente para aguardar o próximo bit de arranque. É esta diferença que mantém o transmissor e o recetor sincronizados.

4.3.2DIAGRAMA DE PINOS MAX 232:

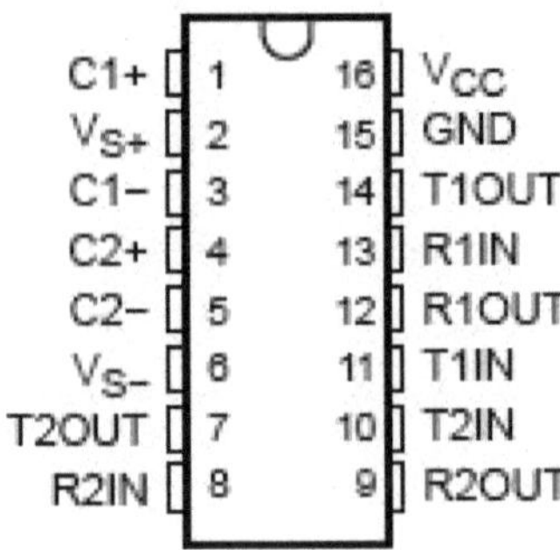

Fig. 24: Diagrama de pinos do Max232

4.3.3ESPECIFICAÇÕES:

> Cumpre ou excede as recomendações TIA/EIA-232-F e ITU V.28

> Funciona a partir de uma única fonte de alimentação de 5 V com condensadores de bomba de carga de 1,0_F

> Funciona até 120 Kbit/s

> Dois condutores e dois receptores

> Níveis de entrada de 30 V

> Corrente de alimentação baixa 8 mA típica

> A proteção ESD está em conformidade com a norma JESD 22

> Modelo do corpo humano 2000-V (A114-A)

Atualização com ESD melhorado (15-kV HBM) e condensador de bomba de carga de 0,1_F

4.3.4DESCRIÇÃO:

O MAX232 é um driver/recetor duplo que inclui um gerador de tensão capacitivo para fornecer níveis de tensão TIA/EIA-232-F a partir de uma única alimentação de 5-V. Cada recetor converte entradas TIA/EIA-232-F para níveis TTL/CMOS de 5-V. Estes receptores têm um limiar típico de 1,3 V, uma histerese típica de 0,5 V e podem aceitar entradas de 30 V. Cada driver converte os níveis de entrada TTL/CMOS em níveis TIA/EIA-232-F. As funções de driver, recetor e gerador de tensão estão disponíveis como células.

4.3.5Conector DB-9:

A norma RS-232c baseia-se numa tensão baixa/falsa entre +3 e +15V, e numa tensão alta/verdadeira entre -3 e -15V (+/-12V é normalmente utilizada). A Figura 27.4 mostra alguns dos esquemas de ligação comuns. Em todos os métodos, as linhas txd e rxd são cruzadas de modo que as saídas txd de envio estejam nas entradas rxd de escuta ao se comunicar entre computadores. Quando se comunica com um dispositivo de comunicação (modem), estas linhas não são cruzadas. Na ligação por modem, as linhas dsr e dtr são utilizadas para controlar o fluxo de dados. No computador, estão ligadas as linhas cts e rts. Estas linhas são todas utilizadas para o "handshaking", para controlar o fluxo de dados do emissor para o recetor. A configuração de modem nulo simplifica o handshaking entre computadores. A configuração de três fios é uma forma rudimentar de ligação a dispositivos e os dados podem perder-se.

4.3.6Esquemas comuns de ligação RS232:

Os conectores comuns para comunicações em série são mostrados na Figura 27.5. Estes conectores são do tipo macho (com pinos) ou fêmea (com orifícios) e utilizam frequentemente os pinos atribuídos apresentados. Em qualquer ligação, os pinos RXD e TXD devem ser utilizados para transmitir e receber dados. O COM deve ser ligado para fornecer uma referência de tensão comum. Todos os restantes pinos são utilizados para o "handshaking".

4.3.7Atribuição dos pinos RS232:

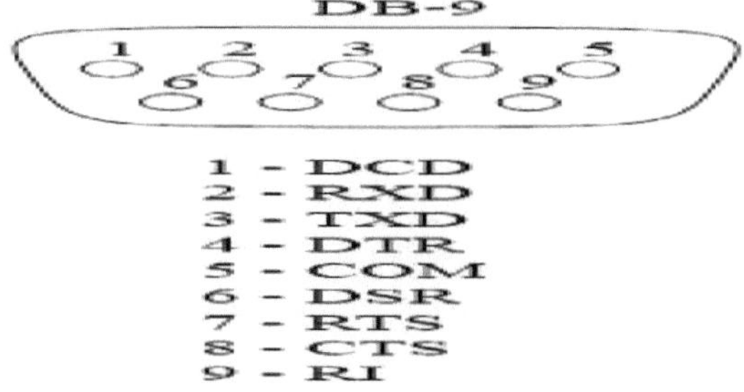

Fig. 25: Atribuição dos pinos RS -232

As linhas de handshaking devem ser utilizadas para detetar o estado do emissor e do recetor e para regular o fluxo de dados. Não é habitual que a maioria destes pinos esteja ligada numa única aplicação. Os pinos mais comuns são fornecidos no conetor DB-9 e também são descritos abaixo.

TXD/RXD - (transmitir dados, receber dados) - linhas de dados

DCD - (deteção de portadora de dados) - indica a presença de um dispositivo remoto

RI - (indicador de toque) - é utilizado pelos modems para indicar quando uma ligação está prestes a ser efectuada.

CTS/RTS - (claro para enviar, pronto para enviar)

DSR/DTR - (data set ready, data terminal ready) estas linhas de controlo manual indicam quando a máquina remota está pronta para receber dados.

COM - uma terra comum para fornecer uma tensão de referência comum para o TXD e o RXD.

Quando um computador está pronto para receber dados, define o bit CTS, a máquina remota apercebe-se disso no pino RTS. O pino DSR indica que o modem está pronto a transmitir dados. Os caracteres XON e XOFF são utilizados para um esquema de controlo de fluxo apenas por software.

4.4 DESCRIÇÃO DA FONTE DE ALIMENTAÇÃO:

Uma fonte de alimentação regulada variável, também designada por fonte de alimentação de bancada variável, é aquela em que pode ajustar continuamente a tensão de saída de acordo com as suas necessidades. Variar a saída da fonte de alimentação é a forma recomendada de testar um projeto depois de ter verificado duas vezes a colocação das peças em relação aos desenhos do circuito e ao guia de colocação de peças. Este tipo de regulação é ideal para ter uma fonte de alimentação de bancada variável simples. Na verdade, isto é muito importante porque um dos primeiros projectos que um amador deve realizar é a construção de uma fonte de alimentação regulada variável. Embora uma fonte dedicada seja bastante útil, por exemplo, 5V ou 12V, é muito mais prático ter uma fonte variável à mão, especialmente para testes. A maioria dos circuitos lógicos digitais e processadores precisam de uma fonte de alimentação de 5 volts. Para usar estas peças, precisamos de construir uma fonte regulada de 5 volts. Normalmente, começa-se com uma fonte de alimentação não regulada que varia entre 9 e 24 volts DC (uma fonte de alimentação de 12 volts está incluída no Kit para Principiantes e no Kit para Principiantes de Microcontroladores). Para fazer uma fonte de alimentação de 5 volts, usamos um IC (Circuito Integrado) regulador de tensão LM7805. O circuito integrado é mostrado abaixo.

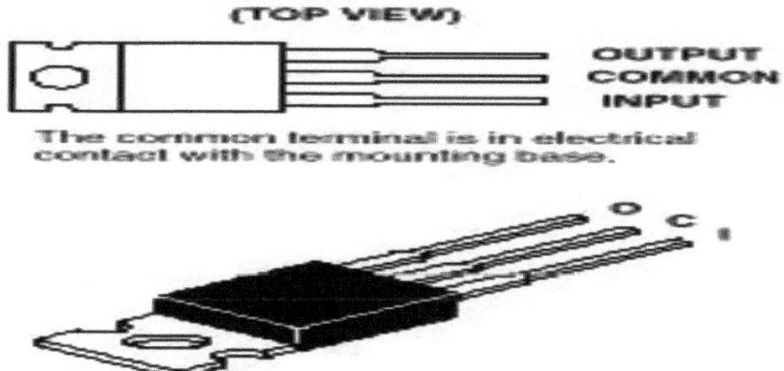

Fig 26: LM7805

O LM7805 é simples de usar. Basta ligar o cabo positivo da sua fonte de alimentação DC não regulada (qualquer coisa entre 9VDC e 24VDC) ao pino de entrada, ligar o cabo negativo ao pino comum e, quando liga a alimentação, obtém uma fonte de 5 volts no pino de saída.

4.4.1CARACTERÍSTICAS DO CIRCUITO:

Breve descrição do funcionamento: Emite uma saída de +5V bem regulada, com uma capacidade de corrente de saída de 100 mA.

- Proteção do circuito: A proteção integrada contra sobreaquecimento desliga a saída quando o CI do regulador fica demasiado quente
- Complexidade do circuito: Muito simples e fácil de construir
- Desempenho do circuito: Tensão de saída +5V muito estável, funcionamento fiável
- Disponibilidade de componentes: Fácil de obter, utiliza apenas componentes básicos muito comuns
- Teste de conceção: Com base no circuito de exemplo da folha de dados, utilizei este circuito com sucesso como parte de muitos projectos de eletrónica
- Aplicações: Parte de dispositivos electrónicos, pequena fonte de alimentação de laboratório
- Tensão de alimentação: Fonte de alimentação DC 8-18V não regulada
- Corrente de alimentação: Corrente de saída necessária + 5 mA
- Custos dos componentes: Poucos dólares para os componentes electrónicos + o custo do transformador de entrada

4.4.2DIAGRAMA DE BLOCO:

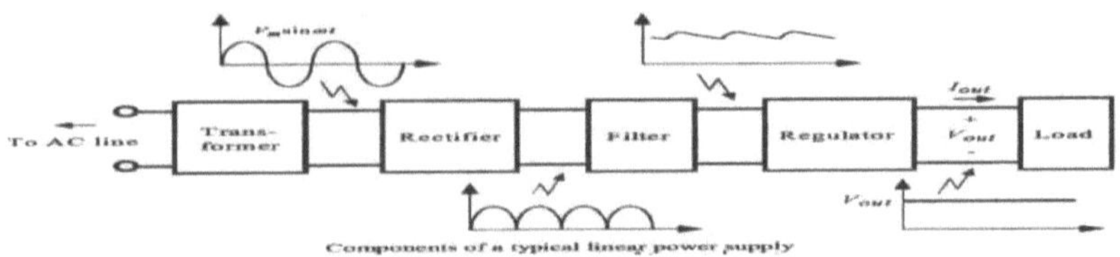

Fig. 27: Diagrama de blocos

4.4.3DIAGRAMA DE CIRCUITO:

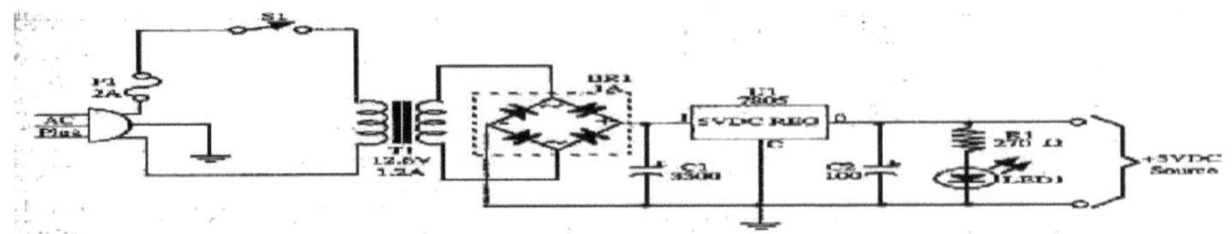

Fig. 28: Fonte de alimentação regulada

4.5 SOFTWARE KEIL U V4:

4.5.1 Introdução à KEIL SW:

Muitas empresas fornecem o assembler 8051, algumas delas fornecem versões shareware do seu produto na Web, a Kiel é uma delas. Podemos descarregá-las a partir dos seus sítios Web. No entanto, o tamanho do código para estas versões shareware é limitado e temos de considerar qual o assembler mais adequado para a nossa aplicação.

O Keil uVision4 é um IDE (Ambiente de Desenvolvimento Integrado) que o ajuda a escrever, compilar e depurar programas incorporados. Encapsula os seguintes componentes:

- Um gestor de projectos.
- Uma instalação de fabrico.
- Configuração da ferramenta.
- Editor.
- Um poderoso depurador.

Para o ajudar a começar, vários programas de exemplo

4.5.2 Programador de microcontroladores ISP Flash:

Características:

> Solução completa de programação no sistema para microcontroladores ARM

> Abrange todos os microcontroladores ARM com suporte de programação no sistema

> Reprogramar as memórias Flash de dados e EEPROM de parâmetros

> Esquemas completos para programador de baixo custo no sistema

> Interface de programação SPI simples de três fios

4.5.2.1 Introdução:

A programação no sistema permite a programação e reprogramação de qualquer microcontrolador ARM posicionado no interior do sistema final. Utilizando uma interface SPI simples de três fios, o programador no sistema comunica em série com o microcontrolador ARM, reprogramando todas as memórias não voláteis do chip. A programação no sistema elimina a remoção física dos chips do sistema. Isto poupa tempo e dinheiro, tanto durante o desenvolvimento no laboratório, como na atualização do software ou dos parâmetros no terreno. Esta nota de aplicação mostra como conceber o sistema para suportar a programação no sistema. Mostra também como pode ser feito um programador no sistema de baixo custo, que permitirá que o microcontrolador ARM alvo seja programado a partir de qualquer PC equipado com uma porta de série normal de 9 pinos. Em alternativa, todo o programador no sistema pode ser integrado no sistema, permitindo-lhe reprogramar-se a si próprio.

ISP-PROGRAMMER INTERFACE

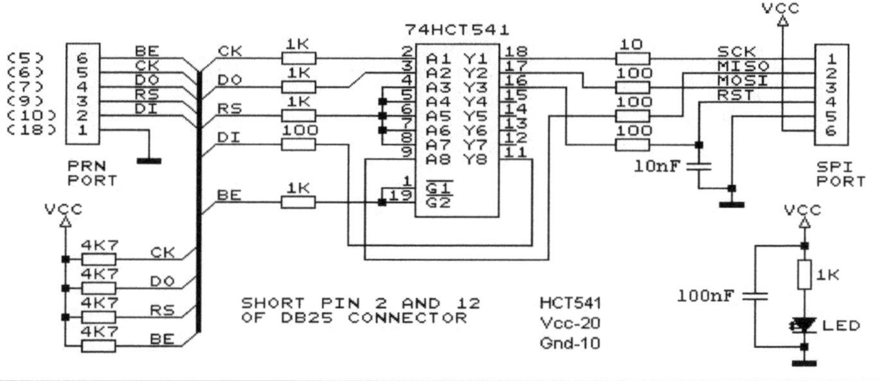

Fig. 29: ISP - Interface do programador

4.5.2.2 A interface de programação:

Para a programação no sistema, o programador é ligado ao alvo utilizando o menor número de fios possível. Para programar qualquer microcontrolador ARM em qualquer sistema alvo, é utilizada uma interface simples de seis fios para ligar o programador ao PCB alvo. Abaixo mostra-se as ligações necessárias. A interface periférica de série (SPI) é constituída por três fios: Relógio Série (SCK), Entrada Mestre - Saída Escravo (MISO) e Saída Mestre - Entrada Escravo (MOSI). Ao programar o ARM, o programador interno do sistema funciona sempre como mestre e o sistema de destino funciona sempre como escravo. O programador no sistema (Master) fornece o relógio para a comunicação na linha SCK. Cada impulso na linha SCK transfere um bit do Programador (Mestre) para o Alvo (Escravo) na linha Master out - Slave in (MOSI). Simultaneamente, cada impulso na linha SCK transfere um bit do alvo (Escravo) para o Programador (Mestre) na linha Master in - Slave out (MISO).

4.6 Simulação de AVR com o ATMEL AVR Studio 4:

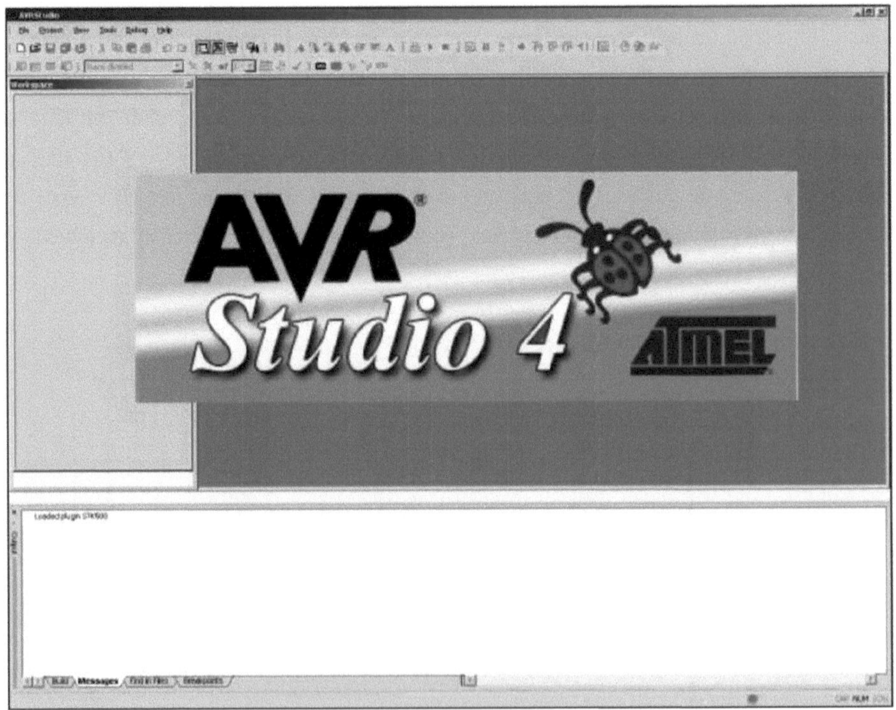

Fig. 30: Estúdio AVR

4.6.1 INTRODUÇÃO:

O AVR Studio 4 é um ambiente de desenvolvimento integrado para depuração de software AVR. O AVR Studio permite a simulação de chips e a emulação em circuito para a família de microcontroladores AVR. A interface do utilizador foi especialmente concebida para ser fácil de utilizar e fornecer uma visão geral completa das informações. O AVR utiliza a mesma interface de utilizador tanto para a simulação como para a emulação, proporcionando uma curva de aprendizagem rápida.

4.6.2 Começar a trabalhar:

O AVR Studio utiliza um ficheiro de objeto COF para simulação. Este arquivo é criado através do compilador C, selecionando COF como o tipo de arquivo de saída. Para obter mais informações sobre a criação deste arquivo, consulte a documentação do compilador C. Inicie o AVR Studio selecionando-o no menu Iniciar ou selecionando o ícone do programa (se disponível). Qualquer um dos métodos produzirá o IDE mostrado abaixo na figura 2. Quando o IDE estiver em execução, seleccione Abrir ficheiro através do menu pendente Ficheiro ou clicando no botão Abrir ficheiro.

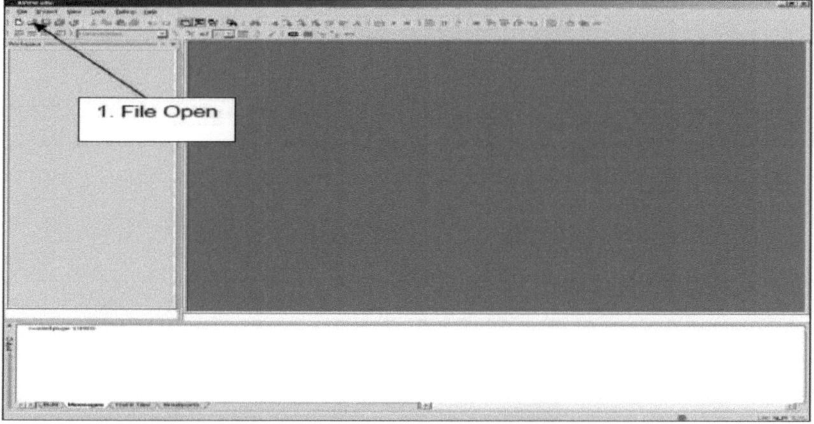

Fig 31: Janela que mostra o ficheiro aberto

4.6.3 Seleção de dispositivos:

Depois de o ficheiro de origem ter sido aberto, o dispositivo e a plataforma de depuração têm de ser especificados. Ao fazer a simulação, seleccione a opção Simulador AVR e certifique-se de que é selecionado o dispositivo alvo AVR adequado. Uma vez seleccionados o microcontrolador AVR e a plataforma de destino correctos, clique no botão Finish (Concluir).

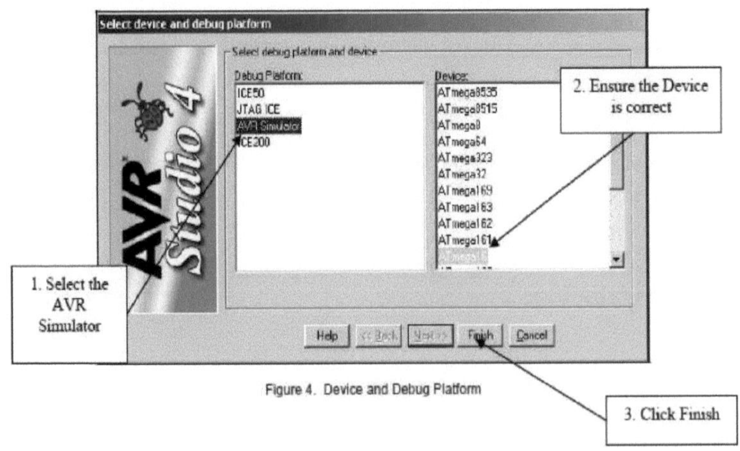

Fig 32: Janela que mostra a seleção do Simulador AVR

4.6.4IDE WINDOWS:

O IDE tem várias janelas que fornecem informações importantes para o usuário. Essas janelas podem ser abertas automaticamente pelo software ou podem precisar ser ativadas pelo usuário. Independentemente de como as janelas são ativadas, elas podem ser movidas e redimensionadas para se adequarem ao gosto do usuário. As principais janelas de interesse são as janelas Workspace, Source Code, Output e Watch.

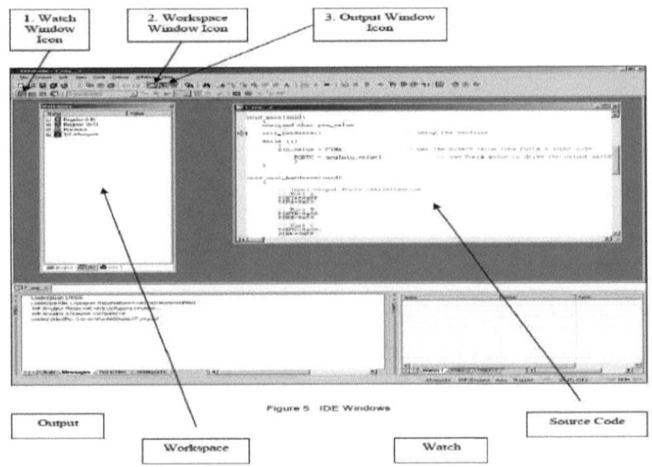

Fig 33: Janela que mostra as janelas de interesse

4.6.5Programador de microcontroladores ISP Flash:

Características:

1. Solução completa de programação no sistema para microcontroladores AVR
2. Abrange todos os microcontroladores AVR com suporte de programação no sistema
3. Reprogramar as memórias Flash de dados e EEPROM de parâmetros
4. Esquemas completos para programador de baixo custo no sistema
5. Interface de programação SPI simples de três fios

Introdução:

A programação no sistema permite a programação e reprogramação de qualquer microcontrolador AVR posicionado no interior do sistema final. Utilizando uma interface SPI simples de três fios, o programador no sistema comunica em série com o microcontrolador AVR, reprogramando todas as memórias não voláteis do chip. A programação no sistema elimina a remoção física de chips do sistema.

Isto poupará tempo e dinheiro, tanto durante o desenvolvimento no laboratório, como na atualização do software ou dos parâmetros no terreno. Esta nota de aplicação mostra como conceber o sistema para suportar a programação no sistema. Também mostra como pode ser feito um programador no sistema de baixo custo, que permitirá que o microcontrolador AVR alvo seja programado a partir de qualquer PC equipado com uma porta de série normal de 9 pinos. Em alternativa, todo o programador no sistema pode ser integrado no sistema, permitindo-lhe reprogramar-se a si próprio.

A interface de programação:

Para a programação no sistema, o programador é ligado ao alvo utilizando o menor número de fios possível. Para programar qualquer microcontrolador AVR em qualquer sistema alvo, é utilizada uma interface simples de seis fios para ligar o programador à PCB alvo. Abaixo mostra-se as ligações necessárias.

A Interface Periférica de Série (SPI) é constituída por três fios: Relógio de série (SCK), Master In - Slave Out (MISO) e Master Out - Slave In (MOSI). Ao programar o AVR, o programador no sistema funciona sempre como mestre e o sistema de destino funciona sempre como escravo.

O programador no sistema (mestre) fornece o relógio para a comunicação na linha SCK. Cada impulso na linha SCK transfere um bit do Programador (Mestre) para o Alvo (Escravo) na linha Master out - Slave in (MOSI). Simultaneamente, cada impulso na linha SCK transfere um bit do alvo (Escravo) para o Programador (Mestre) na linha Master in - Slave out (MISO).

4.7 SOFTWARE LABVIEW

Desde o início de uma ideia até à comercialização de um widget, a abordagem única da NI baseada em plataformas para aplicações científicas e de engenharia tem impulsionado o progresso numa grande variedade de indústrias. No centro desta abordagem está o LabVIEW, um ambiente de desenvolvimento concebido especificamente para acelerar a produtividade de engenheiros e cientistas. Com uma sintaxe de programação gráfica que simplifica a visualização, a criação e a codificação de sistemas de engenharia, o LabVIEW é incomparável, ajudando-o a reduzir os tempos de teste, a fornecer informações comerciais com base nos dados recolhidos e a transformar ideias em realidade.

O LabVIEW foi concebido para interoperar com outro software, quer sejam abordagens de desenvolvimento alternativas ou plataformas de código aberto, para garantir que pode utilizar todas as ferramentas disponíveis. Com um programa de serviço de software incluído que fornece suporte por telefone e e-mail de engenheiros licenciados, actualizações para as versões mais recentes e acesso 24/7 a formação online, a compra do LabVIEW inclui tudo o que precisa para ter sucesso.

O Labview é aplicável porque reduz a complexidade, implementa o software no hardware adequado, permite uma análise e um processamento de sinais extensivos, regista e partilha dados de medição e permite uma execução multithread potente.

Com o poderoso ambiente de design de sistemas NI LabVIEW, é possível construir qualquer sistema de medição ou controlo em muito menos tempo. Ao contrário das ferramentas de uso geral, o LabVIEW integra qualquer hardware com extensas bibliotecas de análise e processamento de sinais, oferece interfaces gráficas de utilizador personalizadas e permite-lhe implementar estes sistemas numa plataforma que utiliza a tecnologia mais recente e avançada.

O valor de uma plataforma:

O LabVIEW aumenta a produtividade abstraindo a complexidade de baixo nível e integrando toda a tecnologia de que necessita num ambiente de desenvolvimento único e unificado, ao contrário de qualquer outra alternativa baseada em texto. Programar em um ambiente unificado significa que você não precisa investir tempo na construção de experiência em uma variedade de ferramentas para atingir seu objetivo. Em vez disso, pode ter a certeza de que os elementos do seu sistema se encaixarão perfeitamente.

O LabVIEW é a pedra angular da plataforma de design de sistemas da NI. Investir numa abordagem de plataforma dá-lhe a capacidade de dimensionar eficazmente a sua aplicação para satisfazer requisitos em constante mudança. A natureza integrada de software e hardware dessa plataforma facilita a visualização e a implementação de toda a tecnologia, E/S, matemática e modelos necessários para um sistema.

No LabVIEW, pode utilizar diferentes abordagens de programação com as tecnologias mais recentes para descrever a forma como o seu sistema funciona e, em seguida, compilar para o melhor destino para executar o seu sistema. Desta forma, pode iterar rapidamente não só a conceção, mas também a implementação dos sistemas de que necessita.

Pode ser executado nos sistemas operativos mais comuns e implementar código numa série de alvos de hardware. Esta flexibilidade significa que pode escolher a plataforma de computação mais adequada, protegendo o seu investimento no código que desenvolveu e nas pessoas que formou. Outras ferramentas e linguagens estão muitas vezes fortemente ligadas a um sistema operativo ou a uma plataforma de hardware. A montagem de sistemas compostos por várias plataformas exige uma formação significativa e um investimento em software em várias ferramentas.

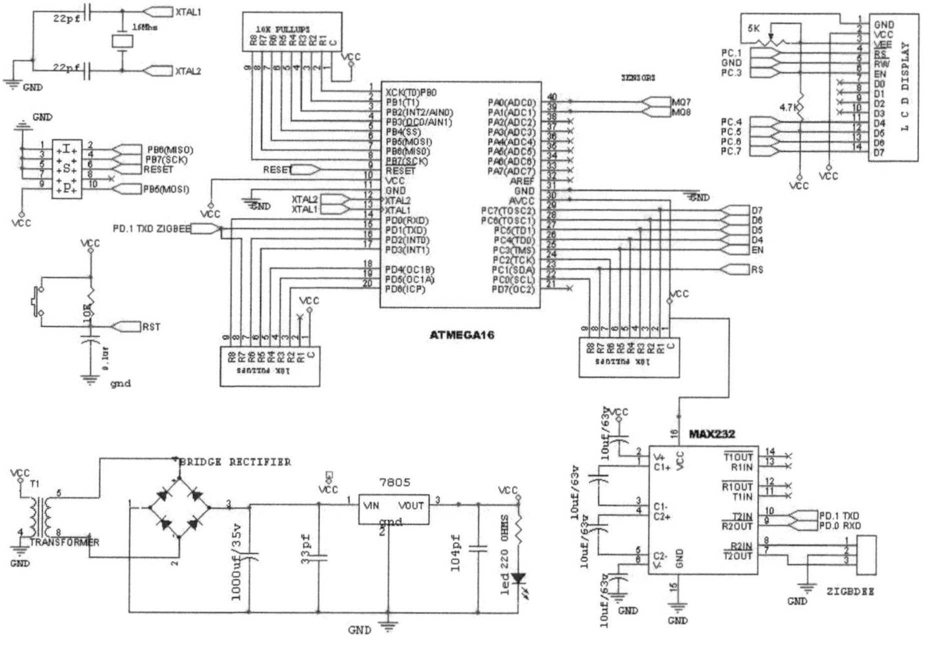

Fig. 34: Diagrama esquemático

CAPÍTULO 5

RESULTADOS E ANÁLISE

Saídas:

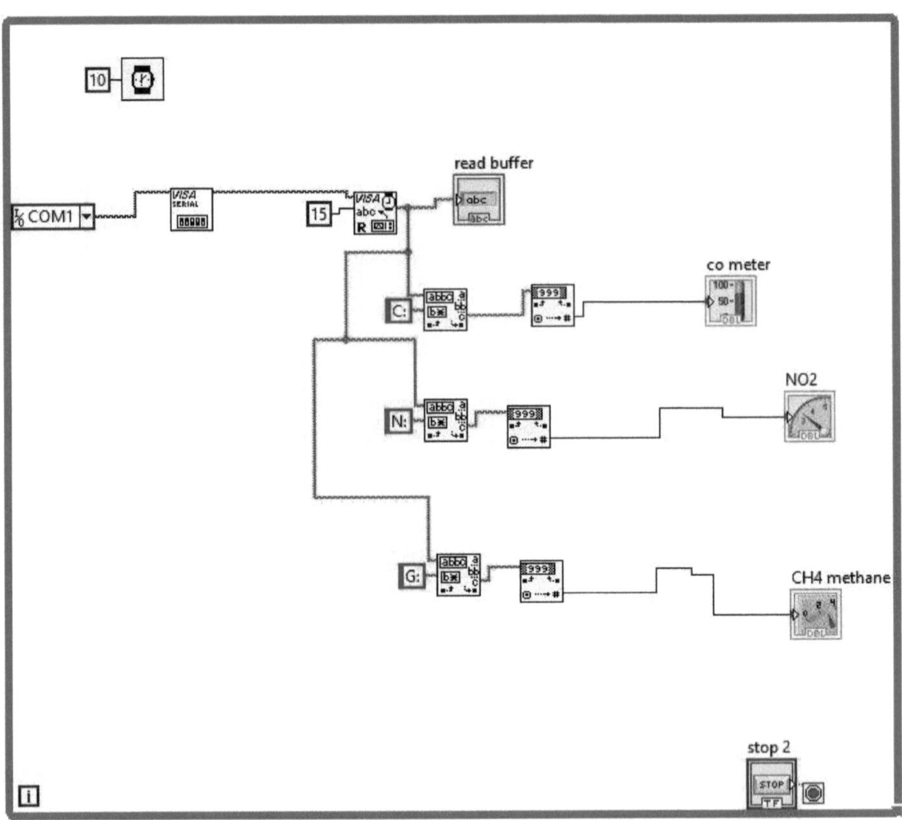

Fig. 35: Diagrama de blocos em Labview

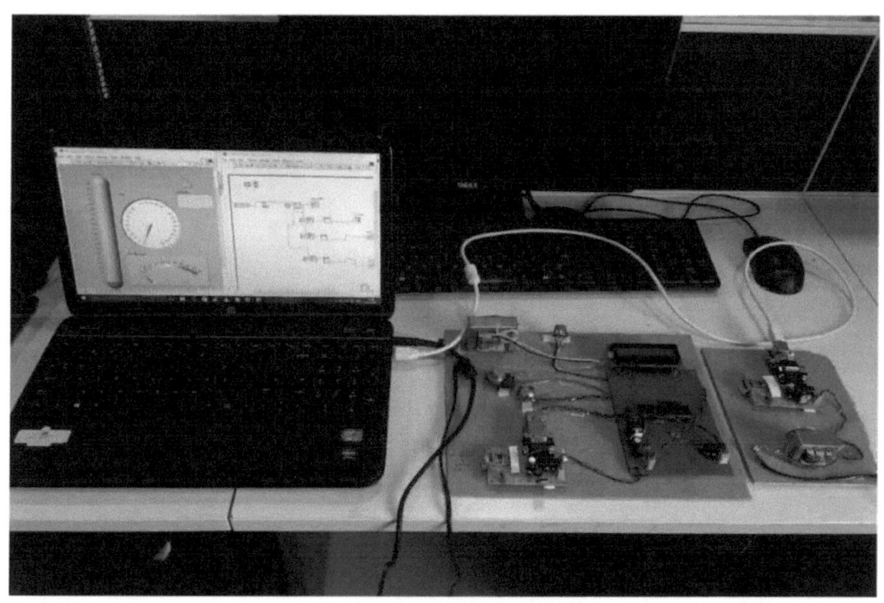

Fig. 36: Configuração do projeto

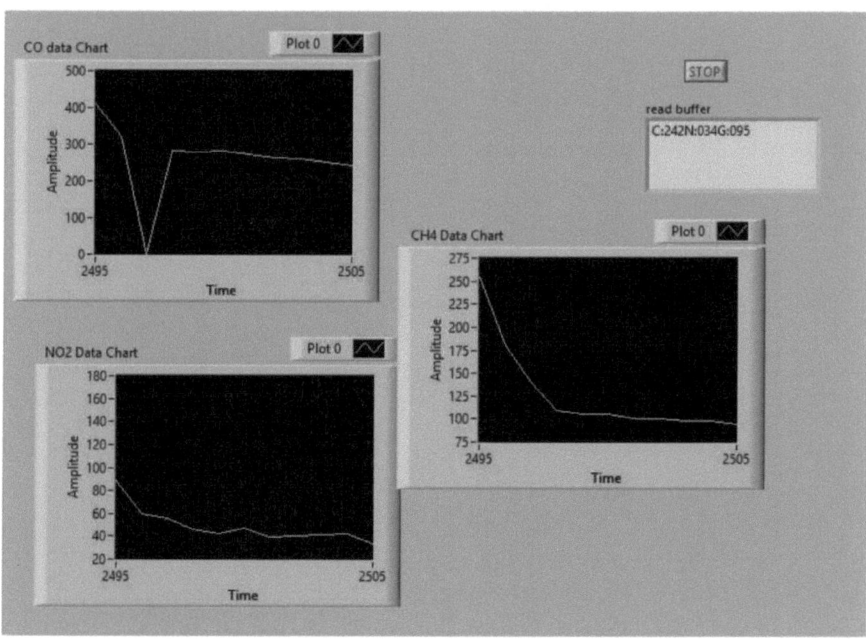

Fig. 37: Saída no gráfico de forma de onda

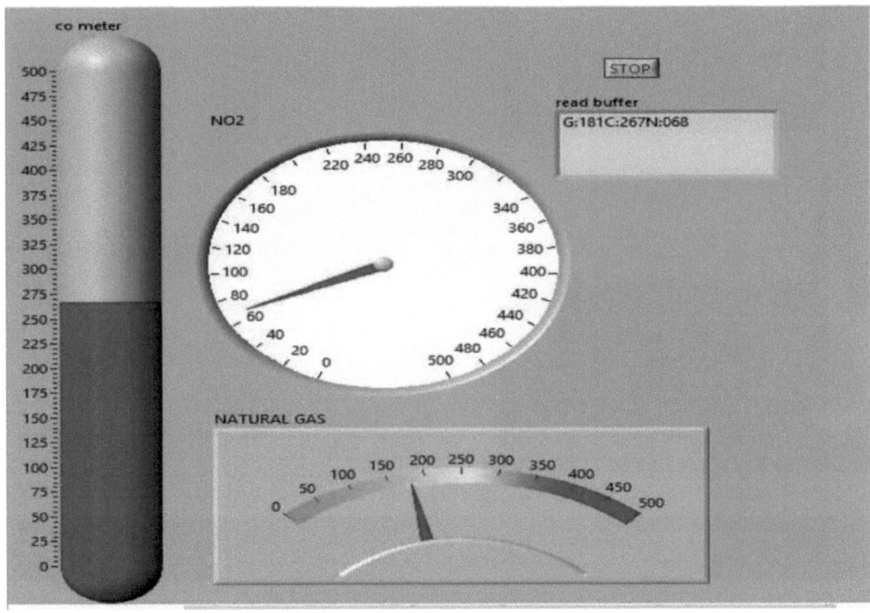

Fig 38: Saída dos gases

CAPÍTULO 6

CONCLUSÃO E ÂMBITO FUTURO

CONCLUSÃO:

A grande questão que se coloca atualmente é a da poluição do ar. Ao fim de algumas décadas, é possível que não haja nenhuma zona livre de poluição na Terra. Por isso, é urgente controlar a poluição nas zonas povoadas, através da medição dos gases nocivos.

É apresentado um sistema de monitorização da qualidade do ar em tempo real, de baixo custo, baixa complexidade e escalável, baseado numa rede de mash sem fios, que inclui a medição do monóxido de carbono, do dióxido de azoto e do gás metano. Através da construção do modelo acima referido, podemos tomar medidas relativas ao controlo da poluição nas áreas públicas e abrir caminho para o controlo da poluição.

FUTURESCOPE:

Nas últimas décadas, temos vindo a monitorizar a poluição através de diferentes softwares e também utilizando sistemas embebidos. Neste projeto, com a introdução do software labview, o processo de monitorização da poluição é feito de tempos a tempos e é visualizado num gráfico. Também pode ser monitorizado a partir de qualquer local onde nos encontremos. Isto é feito através da introdução de um sítio Web com chave de acesso especialmente para este fim e obter resultados. Assim, utilizando este software, a verificação da poluição e o controlo da poluição de um local podem ser registados, o que permite verificar a poluição e lutar por um futuro sem poluição, o que é considerado uma questão importante para proteger a Terra.

BIBLIOGRAFIA

Sítios Web visualizados:

i. www.philips.com

ii. www.howstuffworks.com

iii. www.maxim-ic.com

iv. Sítio Web de Proximidade de Jonathan Westhues

v. Tecnologias para salas de sol

vi. Código de Ética do IEEE

REFERÊNCIAS:

1. R. D. Brook, B. Franklin, W. Cascio, Y. Hong, G. Howard, M Lipsett, "Air pollution and cardiovascular disease: A statement for healthcare professionals from the Expert Panel on Population and Prevention Science of the American Heart Association," Circulation, vol. 109(21),pp. 2655-2671, Jun. 2004.

2. Qualidade do ar ambiente (exterior) e saúde: http://www.who.int/mediacentre/factsheets/fs313/en/

3. C. Carlsten, A. Dybuncio, A. Becker, M. Chan-Yeung, e M. Brauer, "Traffic- related air pollution and incident asthma in a high-risk birth cohort," Occup Environ Med., vol. 68(4), pp.291-295, Abr. 2011.

4. Livro do Ano do PNUA 2014 atualização de questões emergentes Poluição atmosférica: World's Worst Environmental Health Risk (Disponível em linha em: http://unep.org/yearbook/2014/PDF).

Printed by Books on Demand GmbH, Norderstedt / Germany